U0317574

《W 火焰炉可靠性技术及应用》
编写委员会

主　　任　王树东

副 主 任　王志平　黄宝德　黄云涛

委　　员　李　牧　丁义军　李璟涛　方险峰　李继宏
　　　　　熊建明　周奎应

主　　编　李　牧

副 主 编　周奎应　李璟涛　熊建明　张晓辉　余伟龙
　　　　　李玉鹏　黄晓刚

编写人员　周　勇　庄福栋　熊显巍　李　彬　袁建丽
　　　　　吴文景　徐　泰　王　玮　许道春　马雪强

序

低挥发分煤是一种常见的火力发电用煤类型，在我国西南地区储量尤为丰富。因煤化程度高、挥发分含量低、煤发热量中挥发分的发热量比率低等特点，相比其他煤种，低挥发分煤具有着火较难、反应性较低、燃尽温度较高、燃尽时间较长等特征。

20世纪70年代前后，以英美为代表的发达国家针对燃用低挥发分煤设计研发了W型火焰锅炉，并在本土得到广泛应用。同期，我国在燃用低挥发分煤的电站锅炉大型化方面也取得了长足的进步，但依然存在着锅炉可靠性不高、飞灰可燃物高、负荷调节幅度小等问题。为进一步推动低挥发分煤在火力发电领域的利用，我国于20世纪90年代初开始从国外引进W火焰炉。作为专为低挥发分煤优化设计的炉型，W火焰炉在燃用低挥发分煤时展现出了优越的性能，引起了国内发电行业的关注。此后，我国陆续引进了W火焰炉的设计及制造技术，使其在国内得到了快速的发展。目前，我国投运及在建的W火焰炉已达百余台。

由于W火焰炉采用了煤粉浓缩、长火焰、分级送风燃烧、敷设卫燃带等具有针对性的技术措施，因而有利于低挥发分煤的着火和稳燃，其负荷调节范围也较燃用低挥发分煤种的常规燃烧方式宽得多，可满足电网负荷调度的需要。国内实际应用经验表明，W火焰炉是可靠、成熟的炉型，是目前燃烧低挥发分煤种的主选锅炉，在国内具有广阔的推广应用前景。

然而，由于炉型结构和技术措施的特殊性，W火焰炉在国内实际应用中出现了一些问题，归纳起来主要有以下几个方面：

（1）飞灰可燃物含量偏高。尽管与燃用相同煤种的常规燃烧方式锅炉相比，W火焰炉的飞灰可燃物含量要低一些，但从运行实践看，W火焰炉仍然普遍存在飞灰可燃物含量偏高、经济性差的问题，尤其在燃用$V_{daf}<10\%$的煤种时更为严重，有些锅炉的飞灰可燃物含量可达$20\%\sim30\%$。目前，不少现役W火焰炉的燃尽问题还没有得到很好的解决。

（2）NO_x排放量高。为了满足低挥发分煤种的着火、稳燃及燃尽，W火焰炉采用了一些强化着火和燃尽的措施，如在炉膛内敷设了大面积的卫燃带，炉膛火焰中心温度设计值高达$1500\sim1700℃$，这导致W火焰炉比常规燃烧方式产生更多的NO_x，通常可达$1000mg/m^3$以上，一些锅炉甚至高达$1500mg/m^3$。在我国环保要求日趋严格的背景下，W 火焰炉 NO_x 排放偏高已成为较为棘手的问题。

（3）易形成结焦和结渣。W 火焰炉在燃用某些灰熔点较低的低挥发分煤时，在高温下容易发生结焦和结渣现象。一些低挥发分煤种具有明显的结渣性，给 W 型火焰锅炉的稳定燃烧和防结焦结渣带来不小的挑战。对于结焦严重的 W 型火焰锅炉，一旦发生大焦掉落，将导致炉膛负压剧烈波动，可能造成炉底排渣系统、冷灰斗以及水冷壁管损坏，甚至导致被迫停炉，严重影响锅炉的安全运行。

（4）易发生水冷壁拉裂及"四管"泄漏。由于炉型结构和煤种的特殊性，W 火焰炉容易发生水冷壁超温及拉裂、硫腐蚀及氧化皮堵塞爆管等问题，在 600MW 等级超临界机组中尤为突出。一旦发生水冷壁拉裂及"四管"泄漏，将对机组的安全运行带来严重威胁。

（5）锅炉启动及低负荷下稳燃困难。W 火焰炉在点火启动和低负荷运行时稳燃较为困难，通常需要掺烧大量的助燃油才能使其燃烧稳定。如何在启动及低负荷时保障锅炉的安全性和经济性，已成为 W 火焰炉运行优化领域亟待研究和解决的专题。

除上述典型问题外，W 火焰炉在一些应用场景下，还容易出现积灰和堵塞、吹管效果不佳等问题。

近些年来，国内锅炉设计单位、制造商及发电企业根据我国煤质和锅炉运行特点，针对 W 火焰炉在运行中容易出现的上述问题，在原有设计基础上，从提高煤种适应性、低负荷稳燃能力和调峰范围宽度等方面，对 W 火焰炉进行了多方面改进。

尽管如此，自 W 火焰炉技术进入我国以来，国内外对于 W 火焰炉的炉内动力场、烟气组成及分布等问题还缺乏系统的理论实验研究，同时也缺少对 W 火焰炉制造和运行的理论研究，这导致国内使用 W 火焰炉的发电企业还无法很好地掌握该炉型的运行优化策略，W 火焰炉的结焦结渣严重、水冷壁拉裂、NO_x 排放浓度高、燃烧稳定性较差、煤粉燃尽性较差等问题依然普遍存在。特别是近年来煤炭市场的波动造成煤质变化较大，使上述问题更加突出，危及着 W 火焰炉运行的安全性、环保性和经济性．这也成为 W 火焰炉进一步发展的瓶颈。

近几年来，国内围绕 W 火焰炉应用的优化研究不断深入：一方面，W 火焰炉运行案例的不断积累，为该炉型的运行优化提供了重要的经验参考；另一方面，以数值仿真技术为代表的信息化研究手段快速发展起来，为 W 火焰炉典型问题的分析解决提供了有力的工具。近些年来，锅炉设计制造商、火力发电企业、技术研发企业、高校院所等均对 W 火焰炉的设计和运行开展了大量的优化研究，在炉型设计上取得了很大的进步，在运行技术上也有同样的提高，围绕 W 火焰炉稳燃技术、减少 NO_x 生成等专题问题都取得了不少成果。

为了总结 W 火焰炉运行优化的最新研究成果和工程经验，向国内 W 火焰炉机组运行优化及可靠性保障提供技术指导和参考，国家电力投资集团有限公司李牧带领专业团队，历时一年多时间精心编写了《W 火焰炉可靠性技术及应用》一书。全书以提升 W

火焰炉可靠性为中心，系统介绍了 W 火焰炉可靠性技术及其应用。本书结合最新研究成果及诸多 W 火焰炉应用案例，分篇章阐述了 W 火焰炉结焦、水冷壁拉裂、"四管"泄漏、积灰与堵塞、锅炉启动及低负荷运行、吹管技术、燃烧配风优化等内容，并详细介绍了具有代表性的 W 火焰炉可靠性技术应用案例。

本书汇集了作者及编写团队独立研究的部分成果，也总结了近年来国内几个典型 W 火焰炉项目的运行优化经验，将理论与实际紧密、有机地结合，具有鲜明的创新性和实用性。全书针对 W 火焰炉可靠性的论述，全面、系统、深入、专业，语言精练，内容翔实，体现出作者及编写团队在 W 火焰炉技术领域的深厚积累和独到思考。

当前市场上鲜有关于 W 火焰炉运行优化的专著，本书的出版及时填补了该领域的空白。本书总结的大量关于 W 火焰炉的技术研究成果及工程应用经验，涉及锅炉设计、制造、安装、调试、运行等各阶段环节，无论对于锅炉制造商、火力发电企业，还是科研院所、设计单位而言，本书都是一本内容丰富、成果宝贵的技术宝典，对于 W 火焰炉研发设计人员、运行技术人员都是一本十分值得研读的专著。

2018 年 12 月

前　言

　　W 火焰炉主要用于低挥发分的无烟煤和贫煤的燃用，由于 W 火焰炉的炉膛结构、燃烧器布置、送风方式、粉风配比等因素均是根据低挥发分煤的燃烧特点进行设计的，因此该型锅炉在安装、调试、运行、检修等方面的可靠性技术与常规锅炉存在诸多差异。

　　另外，部分 W 火焰炉还存在煤种适应性不强、燃烧系统阻力大、燃烧器磨损、减温水量大等一系列问题。大量运行经验表明，W 火焰炉运行中存在的问题以结焦、水冷壁拉裂最为突出。此外，"四管"泄漏、爆管、积灰堵塞、锅炉启动、吹管、燃烧配风优化等专项问题，也是近年来 W 火焰炉可靠性技术关注的重点。

　　近年来，随着国内外火力发电企业中 W 火焰炉的应用越来越多，对 W 火焰炉可靠性技术的研究也越来越深入，新的应用案例不断出现。及时归纳总结已有的 W 火焰炉可靠性技术及其应用的经验，对保障 W 火焰炉在安装、调试、运行、检修等方面的可靠性，进而充分发挥 W 火焰炉在火力发电领域的优势，具有十分重要的意义。

　　本书通过深入调研国内外 W 火焰炉及其可靠性技术应用案例，以越南永新电厂、福溪发电厂、贵州金元茶园电厂、大唐金竹山电厂、国电南宁电厂、大唐攸县电厂等一系列 W 火焰炉机组在实际设计、安装、调试、运行过程中所发现的问题及研究得到的技术对策为依托，对 W 火焰炉常见的可靠性技术问题及对策进行了详细的阐述。本书共分九章，分别从结焦控制、水冷壁拉裂预防、"四管"泄漏预防、积灰与堵塞控制、吹灰系统优化及吹损预防等方面进行了论述，提出了 W 火焰炉可靠性典型技术方案及措施，并对 W 火焰炉相关试验研究进行了讨论。

　　本书在编写过程中，参考了大量 W 火焰炉的技术资料，在此一并表示谢意。限于作者水平，疏漏之处在所难免，恳请广大专家和读者不吝指正。

编　者

2018 年 10 月

目　录

概　　述

W 火焰燃烧技术由美国福斯特·惠勒（FW）公司首创。据不完全统计，目前中国已投运和在建的 W 火焰炉数量已达 130 台左右，占世界 W 火焰炉保有量的 80％以上；总装机容量超过 41000MW，W 火焰炉已经成为中国燃用无烟煤和贫煤发电的主力炉型。目前投运的锅炉以 300MW 和 600MW 等级亚临界参数为主流，而 600MW 等级超临界 W 火焰炉也有十几台已投产或正在建设中。W 火焰炉主要技术流派包括：美国 FW 公司开发的 FW 型 W 火焰炉、美国 Babcock & Wilcox（B&W）公司开发的 BW 型 W 火焰炉、英国 Mitsui-Babcock（MBEL）公司开发的英巴 W 型火焰锅炉和法国 Stein 公司（现已被法国 Alstom 公司收购）开发的 Stein W 火焰炉。

一、W 火焰燃烧技术及其特点

W 火焰炉主要用于低挥发分的无烟煤和贫煤的燃用，图 1-1 所示为典型的 W 火焰炉炉膛结构及炉内燃烧组织原理。前、后炉拱将炉膛分为上、下炉膛两部分。浓煤粉气流、淡煤粉气流（也称一次风、乏气）通过前、后拱上布置的燃烧器喷入下炉膛，前、后墙气流分别下冲至冷灰斗区域，然后折转向上进入上炉膛，由此在下炉膛形成 W 形火焰。

W 火焰炉组织炉内燃烧的详细过程为：由空气预热器出来的一小部分热风（约 20％）被送入磨煤机，这部分热风首先起到干燥煤的作用，然后输送煤粉到一次风煤粉管道内，从而形成风粉混合物，温度一般为 90～120℃，煤粉浓度在 0.6～0.7kg/kg，煤粉输运气流速度在 20～25m/s。这部分风粉混合物进入炉膛前，先经过煤粉浓缩器被分离成两股气流（部分炉型没有浓淡分离而直接送入炉内），分别为浓煤粉气流和淡煤粉气流。其中，浓煤粉气流中煤粉浓度较高，可达 1.3～1.5kg/kg，气流速度较低，一般为 10～15m/s；淡煤粉气流中煤粉浓度较低，气流速度相对较高，一般为 15～25m/s。在拱上和前、后墙上分别布置有二次风（也称拱上二次风）和三次风（也称拱下二次风或分级风），二次风和三次风均由总二次风道引风，占空气预热器送出热风的 80％左右。这样，沿着火焰下射行程，二次风、三次风依次与风粉混合物混合以补充燃烧所需氧量，从而形成炉内空气分级条件。

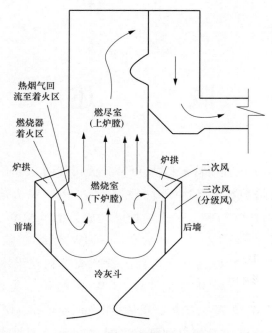

图 1-1　W 火焰炉炉膛结构及其炉内燃烧组织原理

这种独特的 W 形火焰燃烧组织方式有助于燃用贫煤和无烟煤等低挥发分煤，其优点主要体现在以下三个方面：

（1）煤粉下行一段距离之后才开始折转向上流动，下射火焰的行程长，使煤粉在炉内的停留时间得到延长，有利于促进煤粉燃尽。

（2）煤粉气流直接接触拱下高温回流烟气，利于低挥发分煤粉的着火。

（3）通常在下炉膛近燃烧器区域及侧墙敷设一定量的卫燃带，从而减少煤粉着火区域水冷壁的吸热，使炉膛内保持较高的温度以进一步促进煤粉的着火。

二、W 火焰炉运行存在的典型问题

W 火焰燃烧技术实现了燃用无烟煤和贫煤的电站锅炉的高参数、大容量化，并且锅炉机组等效可用系数高。但鉴于其特殊的炉型结构，W 火焰炉在运行中容易出现煤粉气流着火晚、燃烧稳定性较差、炉膛结渣严重、飞灰可燃物含量高、水冷壁壁温偏差大以及 NO_x 排放超高等问题。统计结果表明，飞灰可燃物含量小于 10% 的居少数，多数在 10%~20% 之间，有个别锅炉飞灰可燃物含量高达 20%~30%。测试结果表明，W 火焰炉 NO_x 排放量基本在 $1000mg/m^3$ 以上，一些锅炉甚至高达 $2000mg/m^3$ 以上。

为了综合解决上述 W 火焰炉运行中出现的这些问题，又开发了二次风下倾技术、高效燃烧技术、燃尽风布置在上炉膛或拱上的低 NO_x 燃烧技术、多次引射分级燃烧技术等。

1. W火焰炉结焦问题

为保证锅炉燃烧稳定性，W火焰炉炉膛中通常会敷设大量卫燃带，以提高炉膛温度，保证稳定燃烧。且为了保证下炉膛的高温环境，下炉膛翼墙和侧墙基本铺满了卫燃带，导致该区域温度较高。W火焰炉的翼墙和侧墙是由水冷壁管和鳍片紧密连接而成的，在四角燃烧器和翼墙及侧墙之间存在低压区域，燃烧的煤粉易向翼墙方向运动从而黏附在翼墙上，而翼墙和侧墙水冷壁区域没有二次风通入。由于上述两方面因素，W火焰炉运行时，在水冷壁附近区域容易出现不完全燃烧和火焰拖长现象，因此易形成还原性气氛。当受热面附近的烟气处于还原性气氛时，将导致灰熔点下降和灰沉积过程加快，更容易被卫燃带捕捉，加速受热面结焦。前、后墙卫燃带附近由于存在较多喷口，因此结焦较轻，而侧墙和翼墙卫燃带结焦则较为严重。结焦会使W火焰炉的排烟损失增加，热效率降低，甚至引起过热器、水冷壁超温、爆管。有时焦层厚度可超过500mm，形成的焦层较为坚硬，会将冷灰斗砸漏，或将冷灰斗封死，引起捞渣机故障，严重影响锅炉安全运行。W火焰炉的实际燃用煤种多变，与设计煤种差别较大，当燃用煤种所含杂质多、灰分大、灰熔点低时，结焦问题将显著加剧。

2. 水冷壁壁温偏差大

对于超临界W火焰炉，由于其采用了带有内螺纹的低质量流速垂直水冷壁管，其水冷壁对炉膛热负荷偏差的抗干扰能力比亚临界W火焰炉要差得多。炉内燃烧均匀性较差时，将导致水冷壁壁温偏差较大，若处理不当或处理不及时，将进一步导致水冷壁拉裂或爆管等事故，这一问题已成为超临界W火焰炉运行的重要危险因素。

3. 燃烧稳定性差

无烟煤和贫煤具有挥发分低、反应活性差的特点，因此W火焰炉采用了多种强化煤粉气流着火和稳燃的措施，采用独特的下射式火焰来延长煤粉颗粒在炉内的停留时间。但由于锅炉配风不合理、炉内燃烧组织较差、燃用煤质与设计煤质偏差较大、煤粉细度偏粗和锅炉送风困难等原因，实际运行中多数W火焰炉存在着火晚、燃烧稳定性差和燃尽率低的问题。据报道，部分W火焰炉的煤粉气流着火点甚至在距一次风喷口3m左右，多台W火焰炉的飞灰可燃物含量长期在10%～20%范围内，时有因炉内燃烧稳定性较差而引起的灭火事故发生。

4. NO_x排放高

W火焰炉炉膛火焰中心温度往往在1500～1700℃，这与抑制NO_x生成所采取的诸如降低炉内燃烧温度、缩短燃烧气体在高温区停留时间等措施相矛盾，从而导致比常规燃烧方式更多的NO_x排放量。另外，W火焰炉普遍存在着火延迟的情况，剧烈燃烧发生在与二次风大量混合的区域，因而形成高温氧化性气氛，极容易导致NO_x的生成。

除上述几方面共性问题之外，部分 W 火焰炉还存在煤种适应性不强、燃烧系统阻力大、燃烧器磨损、减温水量大等一系列问题。大量运行经验表明，W 火焰炉运行中存在的问题以结焦、水冷壁拉裂最为突出，此外，"四管"泄漏、爆管、积灰堵塞、锅炉启动、吹管、燃烧配风优化等专项问题也是近年来 W 火焰炉可靠性技术关注的重点，本书后续章节将针对这些问题一一展开说明。

第二章

锅 炉 结 焦

第一节　W火焰炉结焦与预防措施

一、结焦原因分析

超临界W火焰炉燃用极难着火和极难燃尽的无烟煤，为了保证低挥发分煤种的着火与燃尽，尽可能降低不投油稳燃负荷水平，保证低负荷燃烧稳定性，在下炉膛燃烧室敷设一定面积的卫燃带，以提高下炉膛烟气温度。由于燃烧中心的火焰温度极高，煤粉颗粒软化后容易在卫燃带表面挂焦，焦块逐步加宽加厚，容易形成较大块的结焦。一旦焦块从水冷壁上面脱落，极易砸坏水冷壁或除渣设备，会对锅炉运行的经济性和安全性造成一定的影响。而严重的结焦、掉焦甚至可能卡塞排渣机，砸爆冷灰斗水冷壁管等，造成机组停运的重大影响，因此应充分重视W火焰炉运行中的结焦现象。

炉膛结焦、结渣是锅炉运行中较为普遍的现象，尤其当燃烧劣质煤时，结渣的情况更为显著。炉膛结渣可产生于水冷壁，也可产生于炉膛出口处的管屏上，而目前国内投运的超临界W火焰锅炉结渣部位主要发生在下炉膛拱区煤粉燃烧器喷口附近及翼墙区域水冷壁，且相对于其他炉型，W火焰锅炉结渣趋势更明显。

炉膛结焦一般出现在炉内侧墙及翼墙区域，结焦最厚处约500mm，在煤质相对稳定的情况下结焦较轻，在掺烧煤质波动较大时结焦也更严重，见图2-1。结焦有时会遮挡风口，影响炉膛内风量分配，进而影响燃烧效率。

图 2-1　某电厂侧墙与翼墙结焦情况

受炉型特点影响，在炉膛燃烧区域布置有较大面积的卫燃带，炉膛温度水平较高。在炉膛燃烧器喷口、卫燃带上，屏式过热器下沿容易出现结焦，特别是在翼墙及侧墙卫燃带上容易出现体积较大的结焦。结焦程度与煤质本身的结焦特性密切相关，也与炉内火焰状况和配风状况等存在较大关系。

二、结焦预防技术措施

1. 设计阶段

设计阶段可从以下几方面采取结焦预防技术措施：

（1）增加角部贴壁风。在结焦区域角部增加贴壁风，贴壁风按照一定的动量进入炉膛，使侧墙和角部区域水冷壁壁面形成氧化性气氛，有效防止结焦。每个角部增加 3 组贴壁风喷口，每组喷口由多个单独的喷口组成，每台炉增加 12 组贴壁风喷口。

（2）增大翼墙的防焦风口。在东方锅炉厂的超临界 600MW 等级 W 火焰炉，已在翼墙设计了一定数量的通风口，从南宁、珙县等项目现场实际运行看，起到了一定程度的防止翼墙结焦的作用，但由于风口较小，容易堵塞。因此该项目在锅炉设计中，适当增大了翼墙的防焦风口，并加大了防焦风的风量比例，增加了防焦风的刚度，使喷口不易发生结焦堵塞情况。

（3）增加边界风手动调节风门，丰富现场调节手段。在锅炉冷灰斗与翼墙交界处设有边界风，能够在该区域水冷壁壁面形成氧化性气氛，有效防止水冷壁结焦，同时也非常有效地防止灰渣在这些部位积聚。为了增加现场调节手段，该项目对边界风风管增加了手动调节风门，以便现场调试运行阶段进行调试，优化边界风风量。燃烧调整时设定开度，日常运行时不调节。

（4）建设单位在设计之初应与锅炉厂沟通，在设计阶段应根据入炉煤质，参考以往工程的设计经验和实际运行状况，结合电厂负荷率情况，优化卫燃带的布置面积和敷设方式。

（5）设计适量的打焦孔，便于炉内结焦时及时清除，避免焦渣堆积结成大块。看火孔处要设计正式平台，以便于观察和打焦。

（6）设计中增加一路辅助减温水，辅助减温水母管从给水操作台前给水管道引出，以控制启动初期温度。

（7）建设单位可考虑安装一套炉膛结焦监视仪。

2. 安装阶段

安装阶段可从以下方面采取预防结焦的措施：

（1）燃烧设备的安装质量是正常组织炉内燃烧工况的基本保证，也是防止结焦的前提条件。安装单位在燃烧设备安装过程中必须对安装质量从严把关，安装结束后应由监理、调试单位、锅炉厂技术人员对安装质量进行检查验收，其内容主要包括燃烧器安装角度、乏气风及各二次风安装角度、风门挡板行程等（查记录、签证）。

（2）安装单位按照图纸和厂家技术要求施工，卫燃带敷设方式、位置、面积根据厂家最新要求，各部位温度测点经过校验（查记录、签证）。

3. 试运行阶段

试运行阶段的预防结焦措施可从以下几方面进行考虑：

（1）做好入炉煤分区堆放管理，优化混煤掺烧。对电厂来煤燃运部门应做好全面的煤质化验工作，提供详细的煤质、来煤量信息，为配煤掺烧提供依据。不同煤质的煤按热值、挥发分等指标，严格分区堆放；对于高硫煤，燃运部门要提前通知运行人员。燃运部门严格按照试运指挥部规定的上煤方式上煤。

（2）燃料部准备一定量的除焦剂，以作备用。

（3）当运行中出现下列情况时，表示锅炉存在严重结焦的倾向，运行人员应予以足够重视，并及时通知调试和运维管理人员，根据分析采取一定的措施，防止出现严重结焦、垮焦：①锅炉热风温度超过设计值的 10％时；②锅炉严重缺氧（2％）运行，尾部烟气 CO 含量达到或超过 $1000mL/m^3$；③多个一、二次风喷口结焦堵塞；④燃烧器区域四壁面的温度差高于 50℃；⑤炉膛出口烟气温度左、右侧偏差超过 50℃；⑥左、右侧氧量绝对值偏差超过 1％。

（4）机组运行期间控制合适的氧量。根据燃烧情况和锅炉效率，选取合适的炉膛出口氧量。适当增加燃烧器区域的氧量，防止炉内还原性气氛过强导致灰熔点降低而引起结焦。一般情况下，运行人员应控制省煤器出口氧量不低于 3.0％。

（5）机组带负荷运行期间进行优化配风方式调整。优化拱上、拱下二次风风量分配，避免由于二次风分配不当造成烟气短路，缩短火焰行程，引起炉膛出口及屏式过热器区域结焦。控制燃烧器的壁温，检查运行磨煤机组的乏气风挡板开度，防止结焦堵塞。一方面，应在沿炉膛宽度和前后墙方向进行二次风合理配风，使炉膛宽度方向风速基本一致，前后墙总风量相等；另一方面，应采取各种措施，如燃烧器对称均匀投入、磨煤机之间一次风量一致、双进双出磨煤机两端给煤平衡，尽量使各一次风喷口风速和煤粉浓度相等，从而达到风、粉的均匀混合，避免局部缺氧或氧量过剩。

（6）燃尽风的开度调整。燃尽风的设计是为保证燃烧后期燃尽的作用，机组高负荷下燃尽风开度增大后，一方面，容易造成炉膛燃烧中心上移，炉膛出口温度上升，屏式过热器底部结渣速度加快；另一方面，会使燃烧器区域氧量降低，局部出现还原性气氛，导致水冷壁的结渣速度加快。因此燃尽风的开度在试运初期进行高负荷下全部采用小于或等于 60％的保守开度，再根据锅炉的汽温、结渣情况、排烟 NO_x 含量进行调整。

（7）控制合适的煤粉细度。燃用较细的煤粉会导致煤粉气流提前着火，炉膛燃烧器区域的热负荷集中，燃烧中心温度高，易引起喷口结渣；较粗的煤粉不但会降低锅炉效率，也会导致着火推迟、火焰中心上移，显著加剧炉膛出口的结渣倾向。因此需定期对每台磨煤机的煤粉细度进行取样化验，及时调整磨煤机的加载力、通风量及分离器的转速，保证煤粉细度 R_{90} 在 4%～5%。

（8）优化吹灰控制。合理安排吹灰次数，采用定期吹灰和重点吹灰相结合的方式，吹灰次数结合锅炉受热面的温度和积灰情况及时进行调整，根据实际吹灰后锅炉汽温的变化及受热面的壁温情况，在保证安全的情况下尽量降低吹灰频率。吹灰压力高，吹灰效果好，但对受热面的吹损程度大；吹灰压力低，吹灰效果差，难以保证锅炉的正常运行甚至会造成吹灰器烧损，影响设备的正常运行。吹灰压力控制措施如下：

1）水冷壁短吹压力：1.5MPa；

2）折焰角上部长吹压力：2.0MPa；

3）尾部竖井受热面长吹压力：2.0MPa；

4）空气预热器吹灰压力：1.5MPa。

（9）加强检查和炉膛除焦。运行中应加强对锅炉结焦的巡视及相关参数的检查分析，运行每个班应对各看火孔进行观测检查，在运行中可以除掉的地方应及时除掉，以免堆积结成大块。发现喷口周围、冷灰斗处结焦应及时清除，如冷灰斗大量垮焦，影响正常除渣，应相应降低锅炉负荷，避免焦渣积聚造成停炉。

（10）若运行中发现锅炉结焦较严重，可利用锅炉负荷快速变化，促使锅炉掉焦。

4. 运行阶段

运行阶段的预防结焦措施主要有：

（1）保证各燃烧器一次风（风、粉）调平，并有足够的一次风量及环形风量，避免喷口结焦。

（2）调平沿炉宽方向的氧量分布，防止炉中央位置严重缺氧。

（3）定期对制粉系统进行检查，防止一次粉管（风、粉）出现较大偏差，甚至堵管。

（4）定期检查贴壁风及防焦风是否正常投入运行，保证火检冷却风风量（风压），避免结焦遮挡。

（5）注意对入炉煤煤质的控制，通常熔点低的煤灰容易出现结焦，应尽量避免在强结焦区域燃烧器送入易结焦性煤。

（6）使用除焦剂是防止 W 火焰炉结焦的重要手段，在国内已广泛应用。根据目前国内外防结焦的专用除焦剂的使用情况，发现使用除焦剂对于改善炉内结焦情况有非常显著的效果。按状态分，除焦剂有液态除焦剂与固态除焦剂；按投入方式分，可分为入炉煤添加除焦剂与直接喷入炉膛中除焦剂。

已在国内电厂使用的液态除焦剂与固态除焦剂有以下几类：

1）高效液态除焦剂（见图 2-2）。使用方法是通过锅炉炉膛水冷壁上的开孔（看火孔、喷除焦剂孔），使用喷射装置将按一定比例稀释后的液态除焦剂向结焦位置进行喷射（见图 2-3），喷射射程半径约为 3m。根据锅炉结焦程度，液态除焦剂用量为 50～150kg/天。为了得到更好的除焦效果，锅炉设计时可特意在下炉膛前后墙上穿过风箱增置喷除焦剂孔。

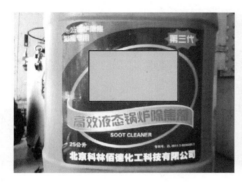 

图 2-2　液态除焦剂（桶装）　　　　图 2-3　液态除焦剂喷射现场

2）固态锅炉除渣焦剂。固态锅炉除渣焦剂为深红色粉末，使用方法是通过给煤皮带加入原煤仓（具体位置现场确定）。根据锅炉结焦程度确定除焦剂的添加频率（如1～3 天加 1 次）、每次的添加量（如每次 20～60 袋、25kg/袋）、与煤的添加比例（约为万分之三）等。不同磨煤机投运时，尽量做到添加有除焦剂的煤同时进入炉膛燃烧。对已掌握结焦位置的也可以针对性选择磨煤机添加除焦剂（常见结焦较多的位置为翼墙与侧墙，可选择靠侧墙磨煤机添加）。添加时机最好是吹灰后负荷稳定时烧到带有除焦剂的煤。若添加除焦剂后掉焦总量过大或单块焦体积过大，则可缩短添加频率，调整每次的添加量，经过一定时间的比较得出最佳添加频率和添加量。

第二节　防止 W 火焰炉结焦典型案例

下面以越南永新电厂一期为例，介绍其在锅炉防结焦方面的预防控制措施。

中电国际越南永新燃煤电厂一期 BOT 项目 2×620MW 机组锅炉为东方锅炉股份有限公司制造的 DG1987/25.31-n12 超临界参数、中间一次再热、W 火焰燃烧直流炉，采用固态排渣、全钢构架、全悬吊结构、平衡通风、露天布置。锅炉配套 6 台双进双出钢球磨煤机，每台磨煤机带 4 只双旋风煤粉燃烧器。24 只煤粉燃烧器顺列布置在下炉膛的前后墙炉拱上；前、后墙水冷壁上部还布置有 26 个燃尽风调风器，燃烧器具体结构及布置见图 2-4，燃烧设备布置见图 2-5。

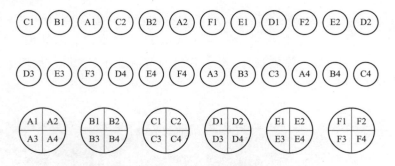

图 2-4 双进双出磨煤机与燃烧器匹配关系

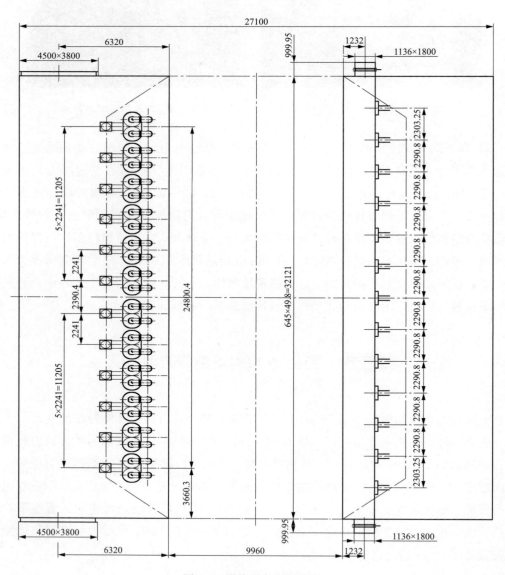

图 2-5 燃烧设备布置简图

一、越南永新电厂入炉煤结渣和沾污特性分析

1. 煤质分析

越南永新电厂煤质当量 Na_2O 计算结果见表 2-1，沾污判别分级界限见表 2-2。

表 2-1　永新煤质的当量 Na_2O 计算

成分	单位	设计煤	校核煤	送检煤
A_{ar}	%	34.5	37.59	34.94
A_d	%	37.13	41.77	37.77
Na_2O	%	0.3	0.6	0.41
K_2O	%	4.1	4.12	2.9
当量 Na_2O	%	1.11	1.38	0.88

表 2-2　煤中当量 Na_2O 指标沾污判别分级界限

煤质当量 Na_2O(%)	锅炉沾污程度
<0.3	低
0.3～0.45	中
0.45～0.6	高
>0.6	严重

从煤质分析来看，永新原煤中 K_2O 含量较高，K 和 Na 属于碱金属，在大多文献中认为在 800～1000℃ 烟气温度期间，硫酸钠、硫酸钾是沾污底层（内白层）的主要物质。

由于煤质内部微观可能存在不同，需要具体煤质具体分析，参考新疆高碱煤的机理：600℃ 左右，煤灰中的 Na_2O 首先升华（75% 以上是水溶性钠），然后与 SO_3、SO_2 和水蒸气形成 Na_2SO_4，更多的 Na 会与 SiO_2、Al_2O_3 形成硅铝酸盐，是一种低熔点物质，直接导致灰熔点下降 100～200℃ 左右。

由于现在还不知道永新煤的 K_2O 是无机形式还是有机形式，是水溶性还是非水溶性，所以还需要详细的煤质机理研究。也即究竟是 K_2SO_4 生成多还是硅铝酸钾多，还不能判定。若是水溶性 K 多，则以 K_2SO_4 生成多为主，反之则是硅铝酸钾。

但是可以初步判断如下：

（1）该煤中 CaO 含量极少（小于 1%）、Fe_2O_3 的含量不高（小于 8%）、SiO_2 含量较高（60% 左右，更多的 SiO_2 有利于提高灰熔点）和 Al_2O_3 含量偏高（25%，是生成高熔点莫来石的基础），故该煤的灰熔点不低。

（2）在 800～1000℃ 烟气温度期间，硫酸钠、硫酸钾是沾污底层（内白层）的主要物质。若永新煤中的 K 是水溶性 K 多，则以 K_2SO_4 生成多为主，该物质在上述烟气温度区间生成后在受热面管子上冷凝，形成沾污第一层。该层物质大量吸收飞灰，若煤灰的黏性较大，会形成"长胡子"现象，尽管可以靠吹灰解决，但是新的"胡子"很快就

会生成，见图 2-6。这些物质主要存在于后屏过热器或转向室上游受热面上。虽然永新煤灰的黏性还不得知，但参考准东煤，认为可能出现上述现象。

图 2-6   准东煤典型的管屏沾污后吸收飞灰

（3）若硅铝酸钾等物质产生较多，则可能直接形成熔渣，灰熔点普遍会下降100～200℃。这些物质在炉膛和分隔屏大量存在，W火焰炉中，还可能存在于卫燃带上。

2. 缓解沾污的措施

有文献认为，未燃尽碳、CO 的存在是导致已经在管屏上冷凝的 Na_2SO_4、K_2SO_4 继续反应生成 Na_2O 和 K_2O 的一个因素，而逃逸出来的 Na_2O 和 K_2O 会与灰渣中过多的 Si、Al 反应生成低熔点共融物的硅铝酸盐，将结渣的范围扩大。在对原煤进行详细机理研究的前提下，缓解沾污的措施如下：

（1）在分隔屏屏底将煤粉燃尽，降低炉膛出口烟气温度。

（2）降低 A/B 侧炉膛出口烟气温度，控制在 50℃ 以内。

（3）在 800～1000℃ 范围增加吹风器布置和热电偶布置。

（4）锅炉运行后，待停炉检查期间，对关键烟气温度区域的管屏前几排管子采用防沾污陶瓷材质喷涂。

3. 缓解结渣的措施

W火焰炉的炉膛温度较高且有卫燃带布置，在锅炉运行后，应每天分析不同负荷下尤其是高负荷时，炉膛、分隔屏的受热面吸热比例；运行巡检人员每天观察炉膛观火孔、捞渣机的状态，对结渣部位进行判断。缓解结渣的措施如下：

（1）对钢球磨煤机的钢球级配、补球方式和周期进行优化，优化煤粉细度、均匀性和粒度分布。

（2）低氮燃烧器的原理是形成富燃料区域的初步燃烧，这时会导致还原性气氛存在，还原性气氛会使得灰熔点下降。则在保证 NO_x 排放浓度的前提下，应尽可能优化配风方式，保证燃烧后期在富空气条件下完成。故需要对锅炉进行详细燃烧调整试验，将结果和热工控制结合，实现自动进行调整，在运行过程中缓解结渣。

（3）若运行后存在卫燃带结渣严重的现象，配合调整炉内热偏差，可考虑减少部分卫燃带。

（4）根据实际运行情况，卫燃带上喷涂高温纳米材料防结焦或采用液态除渣剂除焦。

二、越南永新电厂结焦程度预测

1. 煤质特性对结焦的影响

实际燃用煤质与设计煤质偏差很大是造成炉膛结渣的主要原因之一，灰的熔融特性是判断燃烧过程中是否发生结渣的一个重要依据，不同煤质的灰具有不同的成分和熔融特性。永新电厂锅炉燃用煤质为越南北部无烟煤，干燥无灰基挥发分含量低，属于难着火、难燃尽的煤种，煤质特性见表 2-3。实际运行表明，该煤质的结焦倾向较为严重，燃用该煤质的电厂普遍存在锅炉结焦严重的问题。

表 2-3　　　　　　　　　　　　实际燃用煤质特性分析

项目	单位	燃用煤质
收到基碳 C_{ar}	％	52.31
收到基氢 H_{ar}	％	1.34
收到基氧 O_{ar}	％	2.55
收到基氮 N_{ar}	％	0.79
收到基硫 S_{ar}	％	0.57
收到基灰 A_{ar}	％	34.94
收到基全水分 M_t	％	7.5
空干基水分 M_{ad}	％	2.31
干燥无灰基挥发分 V_{daf}	％	8.03
收到基低位发热量 $Q_{net,ar}$	kJ/kg	18480
可磨性系数 HGI		77
变形温度 DT	℃	1430
软化温度 ST	℃	＞1500
半球温度 HT	℃	＞1500
流动温度 FT	℃	＞1500

2. 卫燃带布置及其对结焦的影响

考虑到永新电厂锅炉燃煤煤质灰分较高，挥发分较低，属于极难着火和极难燃尽的越南无烟煤，为保证满足该项目锅炉不投油最低稳燃负荷不大于 40％RO（设计煤种）的要求，锅炉在设计时设置了大量的卫燃带，前、后拱以下几乎全部是卫燃带，炉内拱部区域敷设卫燃带面积为 924m² ，布置位置如图 2-7 所示。

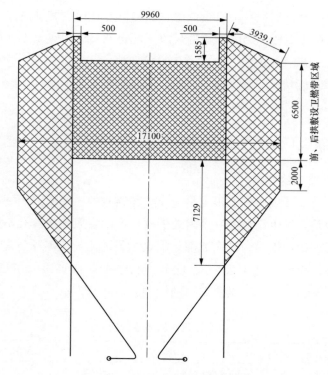

图 2-7　卫燃带布置位置示意图

　　根据该项目炉膛拱部水冷壁的结构特点，其中翼墙水冷壁节距为 64.924mm，下炉膛除翼墙外其他水冷壁节距 49.8mm，翼墙水冷壁节距更大，扁钢宽度更宽，因此翼墙扁钢温度受卫燃带布置的影响更大，更容易出现扁钢超温。因此，在设计中考虑到翼墙水冷壁结构的特点，已经采取相关措施，将翼墙扁钢的厚度由 6.4mm 增加到 9.0mm，并且在翼墙水冷壁敷设卫燃带，避免翼墙水冷壁直接参与炉膛高温辐射换热，以降低翼墙管子及扁钢的温度水平。

　　另外，为避免翼墙出现大面积结焦问题，在炉膛角部新增了贴壁风，并且增大了翼墙的防焦风口，使翼墙和角部区域水冷壁壁面形成氧化性气氛，有效防止结焦。同时还在锅炉冷灰斗与翼墙交界处设置边界风，不但能够有效防止水冷壁结焦，同时也非常有效地防止灰渣在这些部位积聚。

　　在研究项目"越南永新燃煤电厂一期 BOT 项目 2×620MW 超临界 W 火焰炉炉内热负荷、水冷壁热偏差和锅炉热力性能校核计算及评估研究"中，通过数值计算的方法得出下炉膛温度场的分布情况，大部分区域温度高于 1686℃，且贴边严重；高温烟气携带未燃尽煤粉冲刷侧墙水冷壁，煤粉颗粒在水冷壁附近燃烧，水冷壁附近温度较高，局部热负荷较大，结焦问题仍较严重。

　　3. 配风方式对结焦的影响

　　永新电厂锅炉在上炉膛前后墙增设燃尽风，下炉膛主燃区的氧气含量较低。虽然这种空气分级燃烧的方式能够控制 NO_x 排放，但是随着炉内气氛还原性增强，煤的灰分熔融温度将大幅度降低，造成该区域水冷壁结焦严重。

综上，永新电厂锅炉虽在翼墙布置有贴壁风和边界风，一定程度上缓解了翼墙结焦，但由于锅炉燃用煤质结焦倾向严重、配风不合理以及卫燃带面积较大，导致下炉膛水冷壁易于结渣，不利于锅炉安全运行。

三、炉膛结焦及冷灰斗堆焦专项预案

针对可能存在的结焦问题，永新电厂制定了如下措施。

（1）控制煤粉细度，保证各只燃烧器煤粉粉量均匀分布。煤粉颗粒粒度分布不均时，高温受热面由于风粉分配不当、煤粉浓度不均匀，易出现局部热负荷较大，锅炉结焦严重。永新电厂应定期进行制粉系统和一次风热态调平，同时定期维护动态分离器。

（2）合理配风，提高炉内水冷壁近壁区氧量。进行配风优化调整工作，在锅炉实现高效、低 NO_x 燃烧的情况下，尽可能提高近水冷壁区域的含氧量，提高煤的软化温度，从而减少水冷壁结焦。调整燃烧工况以使火焰均匀地充满炉膛，避免火焰长期偏向一边，合理分配各燃烧器负荷，在保证着火和燃烧完全的前提下，适当降低炉膛的温度水平，减小炉膛内发生结渣的可能性。加大一次风风速和周界风风量，使一次风粉被高速的周界风包围起来，减少高温烟气携带未燃尽煤粉对侧墙水冷壁而冲刷，从而降低水冷壁结焦的概率。

（3）卫燃带优化改造。除去部分卫燃带，优化下炉膛卫燃带的整体布置方式，使炉内整体温度分布合理，不易引起结渣。但考虑到永新电厂燃煤属于极难稳定燃烧的煤种，建议翼墙卫燃带采用围棋格子布置，可以减少结渣风险，使炉内整体温度分布趋向合理。

（4）贴壁风优化改造。建议在炉膛前后墙靠近侧墙处，沿炉膛高度方向布置两层贴壁风口，贴壁风沿着平行侧墙的方向进入炉膛，从而防止侧墙结渣。贴壁风可提高侧墙易结渣区域的壁面含氧量，使该区域处于氧化性气氛，提高未燃尽煤粉颗粒的灰熔点。同时，在侧墙水冷壁附近形成空气膜，防止高温烟气携带未燃尽煤粉冲刷侧墙水冷壁，减少了侧墙水冷壁附近的煤粉量，控制了煤粉在水冷壁附近的燃烧，利于降低侧墙水冷壁附近的温度，达到防止结渣的目的。另外，贴壁风来自总二次风道，温度相对较低，可以降低水冷壁附近的温度，也有利于防止结渣。

（5）防止炉膛结焦及冷灰斗堆焦专项预案。从以下多个方面对炉膛结焦及冷灰斗堆焦进行预防：

1）化验人员及时发布入炉煤化验结果，运行人员及时关注煤质情况，为运行调整提供依据。

2）控制好锅炉各段烟温，密切关注捞渣机运行情况，加强对观火孔结渣情况的检查。尽量降低炉膛出口烟气温度。当有充足的空气量时，炉膛出口烟气温度是锅炉受热

面结渣与否的决定性因素，因此需要把炉膛出口烟气温度保持在规定的数值之下，一般应比灰软化温度低 50～100℃。为使炉膛出口烟温不致过高，应采用调整炉内燃烧和减少炉膛热强度的方式进行。

3）合理控制炉内空气量，保持良好的空气动力工况，这是运行调整中防结渣的最主要手段。过量空气量增加时，炉膛出口烟温降低，可减轻对流过热器和再热器积灰、结渣。如果过量空气量不足，则在炉内出现还原性气氛。在还原性气氛中，灰熔点大大降低，这增加了结渣的可能性。当然，如果过量空气量过大，烟气量也要增加，炉膛出口烟温也会提高。所以要保持适当过量空气量，防止欠氧燃烧，产生还原性气氛，增加结渣概率。不同负荷段对应锅炉氧量也是不一样的。

4）合理使用一次风，风、粉混合要均匀，使燃烧既快又完全，这样炉膛出口烟温就会降低。一次风量太大，火焰中心就会上移，炉膛出口烟温亦随之升高。因此，在运行中要适当调整一、二次风的风速和比例，根据磨煤机出力变化及时调节旁路风门开度，控制粉管一次风速大于 18m/s。如一次风速测量不准，则维持分离器出口风压在 3.0～4.5kPa 为宜，防止一次风速过低引起炉拱区域结渣。

5）在燃烧稳定的情况下，适当降低磨煤机出口风温，可控制在 100～115℃ 之间，避免煤粉气流在喷口内就着火，降低燃烧器周围结渣的可能性。

6）根据 W 火焰炉分级配风的特点，二次风配风（F 挡板）采用拱型配风方式，遵循两边小、中间大的原则，保证配风均衡，防止炉膛中间缺风。同时为防止侧墙、翼墙受热面结渣，应适当开大边角燃烧器对应的二次风挡板。如当 C、D 磨煤机停运时，边角燃烧器 C1、C4、D2、D3 对应的 F 风挡板开度设为 20%；当 C、D 磨煤机投运时，边角燃烧器 C1、C4、D2、D3 对应的 F 风挡板开度设为 60%。

7）合理控制燃尽风的投入比例，保证二次风与炉膛压差在 0.2～0.8kPa 范围（负荷越高压差应越高），防止风箱压力过低引起二次风口结渣堵塞，形成恶性循环。

8）炉膛出口烟温偏差应保持小于 50℃。如该烟温偏差值较大，调整 C、F 挡板无效，则应重点检查制粉系统各燃烧器出力是否平衡、磨煤机料位是否正常、风量是否对称及漏风情况。

9）在煤粉炉中，燃烧中心温度高达 1400～1700℃，灰分在该温度下，大多处于熔化或软化状态，烟气和它所带灰渣温度因水冷壁吸热而降低。当灰渣撞击炉壁时，若仍保持软化或熔化状态，易黏结附于炉壁上形成结渣，尤其是在有卫燃带的炉膛内壁，表面温度很高又很粗糙，更容易结渣，且易成为大片焦渣的策源地。因此必须保持燃烧中心适中，防止火焰中心偏斜和贴边。控制各运行磨煤机出力均衡，如无特殊原因，应将各运行磨煤机出力偏差控制在 10% 以内。

10）锅炉两侧墙有明显结渣趋势时，应分析原因，及时调整运行方式。发现结渣加剧，调整无效必须申请减负荷，防止形成恶性循环，导致大渣块脱落造成设备损坏及灭火危险。

11）锅炉出现流焦现象时，应对燃用煤种进行分析，改其他高灰熔点煤种上仓，并杜绝极低灰熔点燃煤集中上仓。在保证燃烧稳定的情况下，适当提高炉膛氧量，如不能消除流焦，则必须根据情况，适当降低机组负荷，直至流焦消失。

12）根据煤火检强度到现场针对性观察燃烧器着火情况，对着火不好的燃烧器进行相应二次风、乏气风的调整。如调整无效、着火极差，应切除其运行，有条件时停磨煤机检查。

13）设计煤种范围内，应控制煤粉细度（R_{90}）在 5%～7%。如煤的可磨性下降，可通过保持磨煤机正常偏高料位和及时补充钢球、保持较低的一次风速，降低制粉系统出力，提高煤粉细度和均匀性。

14）对煤粉细度不合格的制粉系统，及时分析和调整运行方式，通过调节旋转分离器转速进行调整。

15）维护人员定期检查磨煤机出口分离器百叶窗及回粉管是否被杂物堵塞，对堵塞的杂物进行清理，避免粉管煤粉浓度不均。具备分离器回粉管温度测量条件的，应要求定期测量（正常温度 50～100℃），防止因煤质过湿或锁气器卡涩引起回粉管堵塞。

16）机组停运后，维护人员应对炉内燃烧器区域、二次风口、侧墙、翼墙结焦情况，以及燃烧器入口均分器磨损、防磨材料脱落情况进行检查，对结焦严重区域应要求维护人员清除。

17）结渣后采取有效的除渣方法。①根据电网要求利用变负荷除渣，适用于昼夜负荷变化较大时，每晚低谷期间降负荷运行，白天恢复高负荷运行。利用负荷变化造成炉膛温度变化，引导焦渣掉落，同时降负荷时磨煤机采用轮换停运的方式，不至于造成大面积结渣或生成大渣；如双机运行，降负荷时值长应根据两台炉结渣情况，合理申请降负荷机组。②利用磨煤机定期切换除渣，适用于负荷长时间固定不变时，通过磨煤机的切换改变炉内燃烧分布，也有利于焦渣的掉落。

18）热工人员应加强氧量计、风量测量装置及二次风门等锅炉燃烧监视调整重要设备的管理与维护，以确保其指示准确、动作正常，避免在炉内形成整体或局部还原性气体，从而加剧炉膛结焦。要求每月定期完成 1 次氧量标定试验，确保氧量测量准确。

19）严格执行吹灰管理规定，保持各受热面清洁。如炉膛出口温度高、排烟温度上升，炉膛有结渣现象，经专业同意后可增投吹灰。

20）加强运行中监视，及时清焦吹灰，保持受热面清洁。如有积灰和结渣现象，初期清除起来比较容易，应及时清除。清焦渣和吹灰进行越晚，所需的工作量越大。锅炉发生严重大面积结渣时，应及时向专业、部门领导和相关生产领导汇报，并作好记录。

21）必要时，可使用除焦剂进行除焦。

第三章

水 冷 壁 拉 裂

第一节 水冷壁拉裂原因及预防措施

一、水冷壁拉裂原因分析

水冷壁热偏差大通常是 W 火焰炉水冷壁拉裂的最主要原因，此外，水冷壁超温、安装缺陷、设计制造缺陷、材料缺陷、运行不当等也可能造成水冷壁拉裂。

W 火焰炉水冷壁拉裂问题主要出现在机组启动初期和低负荷运行阶段。此时仅部分磨煤机、燃烧器投入运行，炉膛内的热负荷输入不均衡，水冷壁管内的温度偏差和膜式壁鳍片的温度偏差很大，易造成水冷壁拉裂。

W 火焰炉燃烧器前后墙拱上布置、炉膛宽深比较大等，造成 W 火焰炉热负荷分布不均。W 火焰炉水冷壁不能制成螺旋管圈，只能制成垂直管圈，垂直管圈的布置形式无法使水冷壁均匀吸热，导致壁温偏差相对较大。当水冷壁管材超温后，材料性能显著下降，许用应力急剧降低，此时容易由于受热面膨胀不一致导致拉裂。水冷壁超温和热偏差大属于同一类问题，即锅炉水循环安全性。因此保证 W 火焰炉水循环安全性，对于防止 W 火焰炉水冷壁拉裂具有重大意义。

安装缺陷也是造成水冷壁拉裂不可忽视的因素。根据经验，以下安装缺陷将可能导致水冷壁拉裂：

（1）焊工操作不当或未按图施工，导致焊缝焊接质量差。

（2）刚性梁在安装过程中，刚性梁角部装置未按图施工，角固或销轴存在刚性梁与水冷壁连接处卡死的情况，限制了上部水冷壁左右方向的膨胀。水冷壁左右方向的膨胀应力无法得到释放，只能通过水冷壁自身的变形进行吸收，从而导致了水冷壁管拉裂。

（3）卫燃带安装质量差，出现脱落现象。

（4）水冷壁管节距超标严重。

二、水冷壁拉裂预防与控制技术措施

1. 设计阶段

W 火焰炉设计阶段水冷壁拉裂预防技术措施见表 3-1。

表 3-1 设计优化技术措施及要求

措施	设置主要内容	负责单位
设置水冷壁中间全混合集箱	设置水冷壁中间全混合集箱，保证下部水冷壁出口工质在此处能充分混合后再分配至上部水冷壁，减小水冷壁壁温偏差	设计单位
水冷壁测点	适当增设水冷壁的壁温（汽温）监测的测点数量，方便现场运行人员的控制，及时调整运行	设计单位/安装单位
燃料堆放管理	煤场来煤根据煤种、燃烧特性、可磨特性分堆堆放	燃运部门
煤粉取样装置	磨煤机分离器出口的四根粉管，至少其中两根上装设煤粉取样装置，煤粉取样装置宜采用网格法自动取样型式，取样代表性强，节约人力，为制粉系统优化调整和混煤掺烧提供科学参考	EPC
风速在线装置	在每台磨煤机分离器出口的四根粉管宜设计有防堵型自吹扫风速在线装置	EPC

2. 安装阶段

W 火焰炉安装阶段水冷壁拉裂预防技术措施见表 3-2。

表 3-2 安装阶段技术策划及要求

措施	主要内容	负责单位
风门挡板检查	制粉系统内所有风门、挡板均应进入内部或开孔确认其开关是否到位、方向是否正确、动作是否灵活。风门挡板从外部检查不到的地方由安装单位派人配合开孔进行检查	调试单位负责，安装单位配合
风量标定和一次风调平	风量标定和一次风调平，各一次风管阻力均匀，控制同台一次风速偏差不大于±5%，保证煤粉分配的均匀性	调试单位
安装质量	严格按照设计图纸进行安装，保证焊接质量，加强安装检查，避免膨胀受限，管屏现场拼接过宽	安装单位/EPC/监理单位

3. 试运行阶段

W 火焰炉试运行阶段水冷壁拉裂预防技术措施见表 3-3。

表 3-3 试运行阶段技术措施及要求

措施	主要内容	负责单位
壁温偏差控制	锅炉在启、停和运行中严格按照锅炉厂家提供的水冷壁温差设计标准进行控制	调试单位/运行单位
壁温监控	在设置DCS画面将各受热面的壁温最高值、最低值、最大偏差显示在主要监控画面（如锅炉汽水系统画面）上，便于运行人员及时掌握壁温变化，快速做出相应调整	调试单位/运行单位
磨煤机运行组合方式	优化磨煤机运行组合方式，保证燃烧器均匀投入，使炉膛热负荷沿炉膛宽度方向均匀分布，减小热偏差	调试单位/运行单位
磨煤机启停顺序	合理选择磨煤机的启、停顺序。机组启动时为防止局部热负荷过高，在不影响燃烧的情况下摸索出了磨煤机的启动顺序，机组启动时按照 E、B、D、C、F、A 磨煤机的顺序进行启动。将磨煤机分 X、Y 两组，E、D、F 磨煤机对应 X（1）、X（2）、X（3）；B、C、A 磨煤机对应 Y（1）、Y（2）、Y（3）。编号对应的优先级为（1）→（2）→（3），同一数字编号 X 优先于 Y。当 X 组增加一台磨煤机投运时将 X 值加 1，Y 组增加一台磨煤机投运时将 Y 值加 1，为保证热负荷在锅炉中心线前后、左右均对称分布，组合中禁止产生 $|X-Y| \geqslant 2$ 的现象	调试单位

措施	主要内容	负责单位
配风方式	下炉膛 F 风采用中间大两边小的"拱形"配风方式。为了解决炉膛火焰偏向前墙的问题，保证前、后墙通风量一致，前墙中部 5 组 F 风开度较后墙开度开大 10%～15%	调试单位/运行单位
膨胀检查	冷态下膨胀指示器应调整到零位。调试运行过程中，在上水前、上水后、点火后等各节点对膨胀指示器进行检查，记录膨胀值，与设计值进行对比，及时发现和消除膨胀受阻和不均的地方	安装单位/运行单位
支吊架	调试运行过程中，在上水前、上水后、点火后等各节点对锅炉支吊架进行全面的检查与调整，避免因支吊架膨胀受阻、失载等情况影响锅炉设备的安全稳定运行	运行单位/安装单位/监理单位
除焦剂	准备一定量的除焦剂备用	业主
煤质	严格控制入厂入炉煤质，避免煤质情况大幅波动	业主/运行单位
煤质化验	对来煤燃运部门应做好全面的煤质化验工作，提供详细的煤质、来煤量信息，为配煤掺烧提供依据	燃运部门
卫燃带	根据运行参数、炉膛看火、结焦状况等综合分析炉膛卫燃带敷设是否适应当前入炉煤质，在必要的情况下，对卫燃带进行适当的改造	EPC/锅炉厂
针对性检查	调研和收集同类型锅炉事故案例，开展针对性检查，避免发生同类型拉裂事故	EPC/业主

4. 运行阶段

在运行过程中，超临界 W 火焰炉由于容易发生水冷壁超温、拉裂泄漏等问题，在锅炉启动、变负荷、低负荷时，一定要注意配风。特别是在切磨煤机操作时，要合理控制风量和给煤量的变化速度，避免严重超温或热偏差现象的出现。

第二节　防止水冷壁拉裂典型案例

本节选取越南永新电厂一期和攸县电厂作为典型案例，介绍其水冷壁拉裂预防及控制优化及技术措施。

一、越南永新电厂一期

1. 设备概况

省煤器出口进入集中下降管的前、后各 1 个分配集箱至水冷壁系统下集箱，采用对称布置，共计 42 根连接管的下水连接管。集中下降管分配集箱至水冷壁系统下集箱下水连接管结构见表 3-4。

表 3-4   下 水 连 接 管

名称	数量	规格（mm）	长度（mm）	材料
后墙左数 1	4	$\phi141.3\times24$	18530	SA-106C
后墙左数 2	4	$\phi141.3\times24$	16031	SA-106C
后墙左数 3	4	$\phi141.3\times24$	14267	SA-106C
后墙左数 4	4	$\phi141.3\times24$	12525	SA-106C
后墙左数 5	4	$\phi141.3\times24$	9697	SA-106C
后墙左数 6	4	$\phi141.3\times24$	7930	SA-106C
后墙左数 7	4	$\phi141.3\times24$	5484	SA-106C
后墙左数 8	4	$\phi141.3\times24$	2841	SA-106C
后墙左数 9	4	$\phi141.3\times24$	2841	SA-106C
后墙左数 10	4	$\phi141.3\times24$	5484	SA-106C
后墙左数 11	4	$\phi141.3\times24$	7930	SA-106C
后墙左数 12	4	$\phi141.3\times24$	9697	SA-106C
后墙左数 13	4	$\phi141.3\times24$	12525	SA-106C
后墙左数 14	4	$\phi141.3\times24$	14267	SA-106C
后墙左数 15	4	$\phi141.3\times24$	16031	SA-106C
后墙左数 16	4	$\phi141.3\times24$	18530	SA-106C
左侧后向前 1	4	$\phi127\times22$	19722	SA-106C
左侧后向前 2	4	$\phi127\times22$	21566	SA-106C
左侧后向前 3	2	$\phi127\times22$	23788	SA-106C
左侧后向前 4	4	$\phi127\times22$	21566	SA-106C
左侧后向前 5	4	$\phi127\times22$	19722	SA-106C

水冷壁下集箱前（后）墙下集箱，由前（后）墙水冷壁下集箱Ⅱ1个和前（后）墙水冷壁下集箱Ⅰ2个组成；水冷壁下集箱有左（右）墙水冷壁下集箱，由左（右）墙水冷壁下集箱Ⅰ1个和前（后）墙水冷壁下集箱Ⅱ2个组成。

（1）水冷壁下集箱前（后）墙下集箱小孔连接下水冷壁，布置为（2＋185＋36）＋（2＋218＋2）＋36＋185＋2）＝223＋222＋223＝668 根；1 排大孔连接布置给水连接管 5＋6＋5＝16 根。

前墙和后墙水冷壁下集箱对称布置。

（2）水冷壁下集箱左（右）墙下集箱小孔连接下水冷壁，布置 200 根；大孔布置连接布置给水连接管为 1＋3＋1＝5 根。

左侧墙和右侧墙水冷壁下集箱对称布置。

以上（前＋后）共计有 2×16＝32 根（$\phi141.3\times24$）大管子，（左＋右）共计有 2×5＝10 根（$\phi127\times22$）大管子；（前＋后）＋（左＋右）共计有 2×868＝1736 根（$\phi31.8\times6.5$）小管子。

在宽度方向，前后墙水冷壁宽度为 32.121m，各均匀分布 668 根管子；侧墙宽度 9.96m，各均匀分布 200 根管子。水冷壁的管型为优化内螺纹管和光管两种，优化内螺纹管的外径和壁厚分别为 31.8mm 和 5.5mm，光管的外径和壁厚分别为 31.8mm 和 6.7/7.0mm，水冷壁管材质为 SA-213T12 和 12Cr1MoVG 两种。水冷壁鳍片材质为 15CrMoG，壁厚 6.4mm，水冷壁前墙管子材料及规格见表 3-5。

表 3-5   水冷壁前墙材料及规格

名称	数量	规格及材料				
		规格（mm）	内径（mm）	间距（mm）	材料	
前墙进口管子	668	ϕ31.8×6.5	18.8	41.5、49.8	15CrMoG	混合集箱以下
前墙下部区域管子	668	ϕ31.8×5.5	—	41.5、49.8	SA-213T12	
前墙切角区域水冷壁	144	ϕ38.1×8.3	—	41.5	SA-213T12	
前墙炉拱区域管子	524	ϕ31.8×5.5	—	49.8	SA-213T12	
前墙中部区域管子	668	ϕ31.8×5.5	—	41.5、49.8	SA-213T12	
前墙上部区域管子	668	ϕ31.8×7	17.8	41.5、49.8	12Cr1MoVG	

2. 水冷壁热偏差优化

由越南永新电厂一期的水冷壁结构可知，省煤器下降管至水冷壁下集箱：（前+后）墙共计有 2×16＝32 根 ϕ141.3×24 供水管；（左+右）墙共计有 2×5＝10 根 ϕ127×22 供水管。此外，设计时未考虑采用结构措施对管子流量分配进行热偏差调节。

永新电厂 620MW 超临界 W 火焰炉下炉膛水冷壁热偏差超标的原因除了超临界 W 火焰炉的固有的技术特点以外（燃烧器布置型式是一条线排列、水冷壁管圈方式为垂直管圈、超临界直流炉的特性等），另一个重要的原因是在设计上几乎没有考虑控制下炉膛热偏差的结构改进措施。

（1）评估计算。管子分布对应的位置在锅炉俯视图的位置如图 3-1 所示。在 BMCR 工况下，前墙中间混合集箱下部 P124 管子鳍端温度在炉膛高度 43.4m 处的值为 527.3℃，接近材料的许用壁温（540℃），锅炉运行时应加以注意，防止受热面壁温超温导致管道失效。在其他条件下，各校验管在 BMCR 和 50%BMCR 工况下均能安全工作。在 BMCR 工况下，前墙集箱下部的水冷壁管内工质温度偏差最大，P124 管壁鳍端温度出现最高值，即炉膛高度 43.4m 处的鳍端温度约为 527.3℃，离管壁材料许用温度 551℃很接近。造成这种现象的主要原因是：前墙中间混合集箱下部水冷壁受热面的热负荷偏差较大，造成该管屏的流量偏差较大，即受热越强的管子流量越低，这进一步使管子的传热情况恶化。

（2）优化方案。图 3-2 所示为与永新电厂同类型的福溪 600MW 超临界 W 火焰炉的下炉膛热负荷分布实测数据，以此数据作为永新电厂的热负荷分布数据。

可看出，沿炉膛宽度热负荷偏差过大，这一问题的根本解决措施只能是从调整热负荷分布和调整工质流量两方面着手进行。

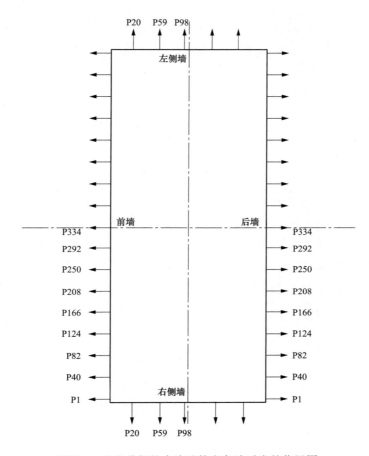

图 3-1 选取分析的水冷壁管在各墙对应的位置图

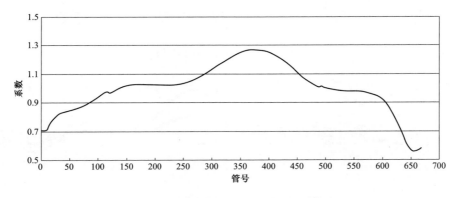

图 3-2 前墙热负荷不均匀系数

　　配合减轻水冷壁结渣问题的需要，部分去除位于翼墙部分卫燃带（采用围棋格子去除 50％，如图 3-3 所示），一方面，减少 W 火焰炉角部的堆焦现象；另一方面，增加角部管子吸热，使沿宽度热负荷趋于均匀。

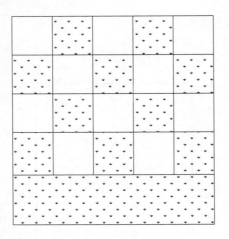

图 3-3　围棋格子卫燃带

不改动卫燃带，在下水冷壁的进口加设节流圈，匹配热负荷分布，但是由于要增加阻力，同时锅炉已经安装完毕，所以暂时不予推荐。

去除翼墙卫燃带 50％后热负荷计算结果见图 3-4，去除翼墙卫燃带 50％后汽温计算结果见图 3-5。

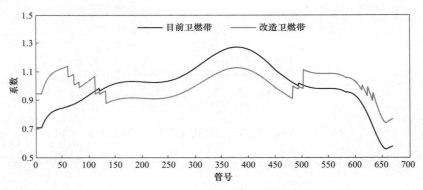

图 3-4　前墙热负荷不均匀系数

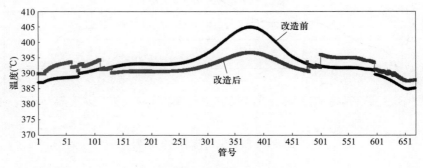

图 3-5　前墙下炉膛出口汽温分布

去除翼墙卫燃带 50％，可用围棋格子方式布置，前墙下炉膛出口最高汽温降低了约 10℃，最高壁温也将从 527℃下降到约 517℃。

改造前卫燃带面积见表3-6。

表 3-6　　　　　　　　　　　　改造前卫燃带面积

位置	面积（m²）
前墙	172.96
前炉拱区域	105.5
前墙切角区域	113.54
后墙	172.96
后墙炉拱区域	105.5
后墙切角区域	113.54
左侧墙	70.53
右侧墙	70.53
总计	945.06

翼墙卫燃带采用围棋格子改造后，卫燃带面积共减少约 113m²，占整个卫燃带敷设面积的约 12%，炉膛出口烟温降低约 5℃，有利于减轻屏式过热器和高温过热器结渣的可能性，60%以下负荷影响再热汽温约 1℃，对排烟温度降低在 0.5℃ 以下基本无影响。

（3）结论。

1）超临界 W 火焰炉固有的技术特点（燃烧器布置型式是一条线排列、水冷壁管圈方式为垂直管圈、超临界直流炉的特性等）导致了下炉膛热偏差过大。

2）锅炉原设计上几乎没有考虑控制下炉膛热偏差的结构改进措施。

3）部分去除位于翼墙部分卫燃带（去除 50%），一方面减少 W 火焰炉角部的堆焦现象，另一方面增加角部管子吸热，使沿宽度热负荷趋于均匀，最高炉内壁温将从 527℃ 下降到约 517℃。

4）改造后对锅炉性能基本无影响，由于炉膛出口烟温降低约 5℃，有利于减轻屏式过热器、高温过热器结焦的可能。

5）根据相关改造经验，采用围棋格子方式布置翼墙卫燃带不影响燃烧的稳定性。

6）在卫燃带改造的基础上，增设水冷壁管子及鳍片的智能壁温管理系统，对水冷壁管子炉内壁温及热应力进行可视化监测并自动寻优，有效指导运行检修，可进一步确保水冷壁长期高负荷连续运行时的安全性。

3. 水冷壁拉裂防控技术措施

越南永新电厂针对预防水冷壁拉裂，在操作、运行控制及管理方面制订了如下措施：

（1）严格按照锅炉厂家提供的水冷壁温差设计标准进行控制。要求锅炉在启、停和运行中控制任意相邻两根管壁温差不超过 50℃，任意不相邻两根管壁温差不超过 80℃。

（2）该锅炉前、后墙水冷壁各 668 根，为便于运行监控，下部布置 100 个壁温测点，上部布置 164 个壁温测点；侧墙水冷壁各 200 根，上、下部各布置 36 个壁温测点。

（3）运行人员加强对炉型特点的熟悉，严防超温。在投运初期，设备还未调试到最佳状态，运行人员对新炉型运行特性还不够熟悉，若在运行中水冷壁壁温出现超温现象，可以考虑适当降低主汽温 10～15℃，以管壁温度不超过限值为原则，待壁温控制在容许范围内后，再逐渐将主汽温提高至设计值。

（4）新机组投产后尽快进行燃烧优化调整试验，使锅炉达到较佳运行工况是非常有必要的。运行人员配合电科院做好燃烧优化调整试验，掌握第一手资料，电科院及时提供燃烧优化试验报告，为设备改进和运行人员进行燃烧调整提供依据。锅炉调整试验项目包括制粉系统调整试验、锅炉结焦调整、给水自动控制逻辑优化等，通过各项调整工作，锅炉燃烧稳定性有所提高，结焦情况将会明显减轻，给水流量波动幅值减小，为水冷壁温差控制打下了良好基础。

（5）启动时油枪投入需对称，控制油枪投入速度不过快；根据煤质条件降低点火油枪出力，增加投运油枪数量也是一种均匀炉膛热负荷的选择。机组启动初期适当增加沿炉膛宽度方向油枪的投运支数，并采取每隔 15min 定期切换的方式，缓慢提升炉膛温度，壁温受热更加均匀。

（6）合理搭配磨煤机组合方式。磨煤机组合方式对水冷壁壁温的影响较大，而不同磨煤机组合方式对水冷壁壁温偏差的影响可以达到 20～30℃左右。磨煤机的合理搭配是超临界 W 火焰炉控制热偏差的主要手段。低负荷 4 台磨煤机运行方式下，根据试验结果同时考虑燃烧的稳定性，建议首选 2 台次中间磨煤机（B/E）运行，中间磨煤机（A/F）及侧墙磨煤机（C/D）各选 1 台运行，该种组合方式对控制水冷壁壁温差具有较好作用。实际运行中若次中间磨煤机（B/E）不能同时运行，应选择 2 台中间磨煤机运行和两台侧墙磨煤机运行，或者两台中间磨煤机运行，次中间及侧墙各选 1 台运行。尽量避免 2 台中间磨煤机和 2 台次中间磨煤机同时运行。另外在 4 台磨煤机运行时，A/B/C 组和 D/E/F 组磨煤机应各维持两台运行。

（7）做好磨煤机的启、停顺序，掌握好不同负荷下磨煤机投运台数。机组启动时为防止局部热负荷过高，在不影响燃烧的情况下摸索出了磨煤机的启动顺序，机组启动时按照 A（F）、D（C）、F（A）、C（D）的顺序进行启动。正常运行中加负荷启动磨煤机时优先考虑启动侧墙制粉系统（C 或 D 磨煤机），同理减负荷停磨煤机时优先停运靠中部制粉系统（A 或 F 磨煤机）。磨煤机投运台数建议按如下原则控制：需按锅炉中心线前后、左右对称投运，均匀炉膛热负荷，300～450MW 采用 4 台磨煤机运行，450～500MW 采用 5 台磨煤机运行，500MW 以上采用 6 台磨煤机运行，控制各磨煤机出力偏差不超过 5t/h。具体运行磨煤机数量还需参考煤质情况。

（8）合理配风，防止炉膛中部缺风。根据超临界 W 火焰炉上部水冷壁壁温分布特点（沿炉宽方向一般靠中间位置壁温偏高，两侧壁温低），采取适当增加炉膛中部风量降低中部火焰温度，减少炉膛两侧风量提高炉膛两侧火焰温度，有利于沿整个炉宽方向热负荷均匀。即采取中间大（50%～55%），两边逐渐减小的原则进行配风（40%～

50%），也就是拱形配风方式，防止中部缺风。高负荷时维持上述范围上限值，低负荷时维持上述范围下限值。同时为防止侧墙受热面结焦，应适当开大侧墙燃烧器对应风门（50%～55%）。

（9）磨煤机各一次风粉管应进行热态调平。磨煤机一次风粉管出力不均，将引起炉内热负荷不均甚至燃烧不稳定，将引起水冷壁超温、产生较大热偏差。同一台磨煤机煤粉浓度差不应超过±10%；对磨煤机内部分离器、锁气器、回粉管等部件定期进行检查，清除异物保证其工作正常，这是保证煤粉细度与浓度均匀性的重要手段。

（10）保持适当的锅炉风箱风压。锅炉不同负荷下，保持适当的风箱风压也是控制水冷壁壁温的一个重要条件（风箱风压过低，火焰容易贴墙）。在实际运行中额定出力下风箱风压不宜低于0.6kPa，可通过各风门的配合来进行保证，但额定出力下F挡板的开度也不宜低于45%，过低炉渣可燃物含量会上升。特别要注意，入炉煤质含硫量高，其酸露点温度也会较高，运行中易造成空气预热器堵塞，阻力增加，影响一、二次风的风压，影响火焰下冲动量，造成过早上飘的情况。在这种情况下，运行时应采取加强空气预热器吹灰温度再提高，以保证空气预热器的冷端综合温度大于酸露点的数值。

（11）针对启机中干湿态转换时壁温易超温的情况，可以适当提高锅炉由湿态转为干态时的负荷点（如提高至220～250MW负荷段）。超临界锅炉干湿转换是一个相对不稳定过程，是直流锅炉启、停过程中的一个关键控制点。在转换过程中，应保证平稳度过，避免转换反复交替，引起壁温的大幅波动。

（12）锅炉启动中严格按照规程规定控制升温升压速率。锅炉停运后应严格闷炉，以防形成自然对流通道，降低因前后墙水冷壁出现两侧温度低、中间温度高而产生的左右横向应力，即使锅炉停机消缺，也不能为了抢时间而立即强制通风，忽视水冷壁的安全。

（13）保证锅炉炉内燃烧的稳定。炉内燃烧稳定是控制壁温及热偏差的基础。燃烧不稳（如煤粉着火不好），壁温及热偏差将很难控制，在运行中若出现部分燃烧器煤粉着火很差，应及时进行调整。一次风温、一次风速、煤质波动、二次风送入方式对燃烧稳定性影响较大，应注意控制。若经过调整后燃烧还不稳定，可考虑投入油枪强化煤粉的着火，待燃烧稳定后再退出油枪。

（14）保证炉膛受热面的正常吹灰也是控制壁温超温及热偏差的手段之一。停炉时检查炉膛的结焦情况，对有焦块遮挡、堵塞喷口、风口的要进行清理，避免下次启炉后风量分配不均。

（15）加强燃料管理，合理配煤，保证入炉煤煤质不过分偏离设计煤种。保证入炉煤热值在16000kJ/kg以上时对锅炉壁温控制更有利。

（16）磨煤机启、停时易引起汽温波动，特别对于磨煤机风门挡板有检修工作后的启动，可能挡板的特性会发生变化，如运行控制不当就容易发生超温现象。因此启磨后注意观察磨煤机各参数的变化，不要盲目只从磨煤机容量风门开度判断出力大小，合理控制磨煤机容量风挡板的操作速度。建议每次变动幅度控制在5％以内，每操作5％停留一段时间，待参数稳定后，再进行下一步操作。停磨时应尽量降低磨煤机机料位，避免下次启动时大量煤粉进入炉膛引起壁温瞬间突升。

（17）合理控制过热度。如果水冷壁壁温较高，过热度应尽量维持不要过大，以10～15℃为宜。在保证主汽温有效调节的前提下减少过热器减温水的使用，这样在相同负荷下增加了水冷壁的质量流速，降低水冷壁管壁温及热偏差。

（18）优化壁温监控手段。在设置DCS画面时建议将各受热面的壁温最高值、最低值、最大偏差显示在主要监控画面（如锅炉汽水系统画面）上，并做出水冷壁壁温棒状图，便于运行人员及时掌握壁温变化趋势及分布情况，快速做出相应调整。

（19）运行中发现该炉型无论在高负荷还是低负荷阶段，前墙上部水冷壁壁温总体上均高于后墙，可能与风道布置原因及前后墙的风量分配不均有关。运行中可以考虑适当增大前墙二次风门开度，或关小后墙二次风门，强化前墙风粉的混合，降低前墙火焰温度。

（20）保证锅炉安装质量，防止锅炉膨胀受限，启动时需在不同阶段抄录膨胀指示。尤其是首次开机带负荷期间，在不同压力及不同负荷下停留，全面检查膨胀无问题后方可继续升负荷。

（21）加强超温管理。制定了防止受热面超温、水冷壁管间温差大的技术措施和蒸汽温度超限考核细则，建立超温记录台账，定期分析超温原因，强化超温考核，提高运行人员对超温的认识。要求运行人员绝不允许发生无视管壁超温、急剧增加锅炉热负荷的行为，做到勤调、细调，如果调整有困难应及时通知专业技术指导，通过该项工作可使运行人员对超温的重视程度明显提高。

二、攸县电厂

攸县电厂曾出现过冷灰斗角部水冷壁鳍片拉裂的问题。在600MW等级超临界W火焰炉上，类似攸县电厂的情况并不普遍。攸县电厂出现的问题主要原因是在安装过程中，冷灰斗角部侧墙水冷壁与前后墙（斜坡）水冷壁的拼接处应该安装的鳍片（扁钢）没有安装，而是直接管子与管子相焊，且焊缝（角度）尺寸过大，焊缝强度过高（已高于水冷壁管强度）。出现局部应力集中，产生裂纹并延伸到管子母材上，造成水冷壁管开裂泄漏，见图3-6。

根据上述原因分析，总结出以下几点经验建议：

（1）安装时避免出现角部水冷壁管子与管子直接相焊，若已有，建议进行打磨，降低焊缝强度至低于水冷壁管强度（圆滑过渡）。

（2）安装时避免管子间焊缝完全覆盖鳍片，导致鳍片（焊缝）强度过高，大于水冷壁管的强度。若已有，建议进行打磨，降低鳍片（焊缝）强度至低于水冷壁管强度（圆滑过渡）。

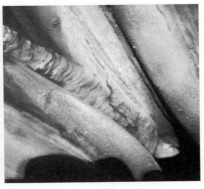

图 3-6 水冷壁管开裂泄漏

（3）对该区域出现的局部鳍片拼缝较宽时，建议采用带柔性的弧形（瓦片）扁钢连接拼焊，若已采用平板，建议割开并增加弧形（瓦片）扁钢连接拼焊。

（4）运行中控制负荷变化率，减小水冷壁膨胀不均产生的热应力。

（5）锅炉膨胀系统严格按图安装。

（6）冷灰斗四个角部水冷壁鳍片可留一段不焊（600mm 左右），焊缝端部作绕焊处理（弧坑避免留在端部），鳍片端部设置止裂孔，未密封焊位置在炉外侧制作箱体（箱体连接采用点焊）填入浇注，保证炉膛气密性。

第四章

"四管"泄漏预防

除水冷壁拉裂和结焦问题外，"四管"泄漏也是 W 火焰炉运行中需要格外防范的问题。所谓"四管"泄漏，是指锅炉的水冷壁管、省煤器管、过热器管、再热器管因各种原因导致管子爆破、裂纹、砂眼等而产生管内工质向外泄漏的现象。"四管"泄漏是影响机组可靠性最大的因素之一。水冷壁超温、氧化皮脱落、水冷壁壁温均匀性差等是导致"四管"泄漏的主要原因。

第一节　预防锅炉"四管"泄漏的措施

一、锅炉投运前预防措施

1. 设备制造及安装

（1）建设单位在设计、制造之初要督促锅炉厂负责其制造质量，将制造缺陷控制在出厂前。同时，锅炉的安装需要经过有资质的单位实施安装质量检验。

（2）建设单位应负责与锅炉厂沟通，在设计和制造上要考虑集箱割管检查的方便性和可操作性，集箱要设计手孔，方便以后的割管检查。

（3）安装单位负责锅炉的安装质量，应确保各系统、设备、部位严格按设计施工，不出现影响锅炉运行安全和经济的缺陷。

（4）安装单位在安装过程中要制订洁净化施工方案和措施，所有通球记录和承压部件清理记录应清晰真实，施工中切实做好防止异物进入承压部件的各项措施。

（5）安装单位要按照《电站锅炉压力容器检验规程》《火力发电厂金属技术监督规程》《火力发电厂锅炉受热面管监督检验技术导则》《火力发电厂焊接热处理技术规程》《火力发电厂焊接技术规程》等的要求做好受热面的安装和检验工作，抽查比例不得低于规程要求，保证安装质量和焊接接口合格。

（6）壁温测点设计和安装要覆盖锅炉空间几何代表性位置，DCS 画面上壁温测点在 DCS 上的显示要直观，能反映出在炉内的实际位置和对应的实际燃烧器，以方便运行监控和实时调整分析。

（7）安装单位对水冷壁、屏式过热器、末级过热器、末级再热器等各受热面壁温测点的安装进行严格把关，测点须经过校验，保证测点的代表性和准确性。

（8）各壁温测点在 DCS 上的显示要直观，测点安装实际位置能反映出在炉内的对应位置和实际对应的燃烧器、炉内空间的相对位置等，从 DCS 上就可以直观了解各受热面的壁温分布。

（9）在磨煤机和分离器选型时应充分考虑煤粉细度的可调节性，通过分离器、钢球配比及其他措施切实将煤粉细度控制在设计值范围内，且具有一定的调节裕量。

（10）安装单位在燃烧设备安装过程中必须对安装质量从严把关，安装结束后应由监理、调试单位、锅炉厂技术人员对安装质量进行检查验收。其内容主要包括燃烧器喷口安装角度、二次风安装角度、风门挡板行程等。

（11）在一次风管安装中，安装单位应严格按图施工，防止因安装的原因造成各一次风管的阻力差异过大，超出可调缩孔的调节范围，不能实现设计的炉膛内热负荷分配预期。

（12）安装单位应控制安装质量，减少锅炉燃烧区域和炉底的漏风，防止火焰中心区域的偏移。安装完成后由建设单位、监理单位组织联合验收。

（13）做好冷态空气空气动力场试验，包括一次风调平、风门挡板严密性，风门挡板调节特性试验，尽可能做到热态开机时燃烧器热负荷均匀，二次风配风均匀。

2. 锅炉及管道清洗

（1）安装单位应加强系统管道、阀门、设备等安装前的清洗，减少安装时遗留杂物，每个系统、管道封闭前必须经过清理、见证。

（2）对于给水、蒸汽管道必须进行清理、吹扫和冲洗，主要分几个阶段节点，包括：①管道安装前；②锅炉酸洗；③锅炉吹管。

（3）锅炉减温水管道最好采用蒸汽吹扫，减温水管道的吹扫应在锅炉吹管前完成。该项工作由安装单位负责，调试单位配合，监理单位见证完成。

（4）在炉本体水冲洗前必须进行凝结水和高低压给水系统水冲洗，分段冲洗合格后才能向锅炉上水。

（5）酸洗完成后，对水冷壁下集箱和省煤器进口集箱割开手孔进行抽查，视检查结果决定是否扩大检查范围。

3. 吹管

（1）吹管过程中，控制吹管系数大于 1.4，采用稳压为主、稳压和降压相结合的方法，通过持续高动量的冲洗，使金属管内壁的杂物脱落。

（2）吹管过程中，至少进行 2 次停炉大冷却，加速管壁附着物的脱落。

（3）吹管结束后，对高温过热器、屏式过热器和高温再热器入口集箱进行割管检查，清理出集箱内的杂物。

（4）吹管结束后，对减温器笛形管和衬垫进行内窥检查，检查衬垫与混合管是否分开、脱落。

（5）吹管后的割管检查应成立专门的组织机构，内窥镜的检查应由有经验的专业技术人员进行。

4. 试运行

机组通过 168h 试运后，要制订锅炉停机消缺、检修期间的锅炉"四管"受热面、集箱、炉外管道、吊杆吊架、承重梁及支架（座）等承压承重部件的检查制度，建立防磨防爆管理机构，落实责任主体，逐级负责，要明确检查周期和责任人。

二、锅炉投运后预防措施

1. 水冷壁壁温监控

（1）锅炉运行期间，根据机组负荷，优化选择启磨顺序，按照炉膛中部两侧燃烧器优先投运、炉膛中部燃烧器后投入的原则，避免热负荷集中与水冷壁壁温超温，保证炉内热负荷均匀。

（2）锅炉运行期间，针对二次风箱宽度方向上风阻差异，选择中间高两侧低的"拱形"配风方式，保证锅炉宽度方向上氧量均匀供给，从而保证炉膛水冷壁吸热均匀。

（3）在运行过程中对壁温超温点要进行分析，排除测点原因，在停机期间对有怀疑部位进行割管检查，确保机组可靠性。

（4）通过深度调试和试验，摸索在不同的负荷下控制合适的过热度，控制水冷壁整体壁温。

（5）运维单位应该加强制粉系统巡检维护，保证各台磨煤机能够正常投运。对投运的制粉系统进行阻力和煤粉细度分析，对煤粉细度超标的进行调整。磨煤机出口 4 根粉管间风速偏差大的进行热态调平。

（6）加强锅炉运行监视、调整，加强入炉煤配烧管理，定期对煤质进行化验并告知运行值班人员。

（7）机组运行期间加强对壁温的监督，控制锅炉参数和受热面管壁温度在允许范围内。运维单位必须建立受热面管壁温度台账，重点记录超温部位、超温幅度、超温持续时间、超温次数，并进行分析。

（8）制定运行控制措施，防止管排温度长期处于高限运行和经常性超温运行，对于超温点要进行监督分析，制定专项措施。

（9）运行人员应坚持保护设备的原则，不得在超温情况下强行带负荷。

（10）运行期间尽量减少机组快速频繁启、停。

（11）加强锅炉吹灰管理，制订吹灰器的投运、使用、检查和维护制度，每次吹灰器投入时就地应有人跟吹，吹灰结束时应确认吹灰器退回原位，进汽阀可靠关闭，防止吹灰器带水、漏汽、卡涩吹损受热面或漏水至承压部件造成管子裂纹。每次吹灰都要填写好记录，尤其是异常和缺陷情况。

（12）运维人员应定期对锅炉进行巡视，通过看火孔观察炉内燃烧情况和结焦情况，发现结焦时应通过吹灰、打焦等方式进行清除，防止形成大焦块掉落砸坏冷灰斗水冷壁而爆管。

（13）运维单位应制定严格的水质化验制度，严格执行《火力发电机组及蒸汽动力设备水汽质量》、《火力发电厂汽水化学监督导则》等的规定，确保进入锅炉的水质和锅炉运行中汽水品质合格，防止因水质问题造成水冷壁节流孔圈流通截面变小或堵塞，改变水冷壁的汽水阻力特性，导致工质质量流量变化引起水冷壁壁温偏差。

（14）重视机组启动时的水汽质量监督和控制，重点是冷态冲洗、热态冲洗、汽轮机冲转阶段的水质控制，按启动标准进行。

（15）锅炉停运期间，必须按照《火力发电厂停（备）用热力设备防锈蚀导则》进行防腐保护，并结合机组停运时间和计划选择适合的停运保护方案。

2. 氧化皮控制

超临界锅炉氧化皮脱落堆积的条件主要有两个：一个是氧化层达到一定的厚度；另一个是温度变化幅度大、速度快、频度大。因此控制技术措施主要从以下方面开展：

（1）高温受热面采取抗蒸汽氧化性能好的材料，也可使用经过喷丸处理的材料。

（2）壁温测点的设计应涵盖炉膛的不同部位，数量满足运行监控要求。

（3）锅炉运行期间监控好受热面蒸汽和金属温度，不超温运行。受热面蒸汽和金属温度按下列要求进行控制：

1）高温过热器出口蒸汽温度不超过571℃，受热面金属温度最高不超过590℃。

2）屏式过热器出口温度不超过560℃，受热面金属温度最高不超过590℃。

3）高温再热器出口蒸汽温度不超过569℃，受热面金属温度小于580℃，最高不超过590℃。

4）由于受热面可能存在较大的热偏差，受热面蒸汽温度的控制要服从金属温度，金属温度超温要视情况降低蒸汽温度运行。

（4）加强受热面的热偏差监视和调整，防止受热面局部长期超温运行。

（5）运行中按照温度高点控制蒸汽温度，正常运行中一、二级减温水和再热器烟气挡板应处于可调整位置，再热器事故减温水应处于备用状态。

（6）运行中发现金属温度超过允许值，应采取调整措施进行控制，如降低蒸汽温度和运行方式调整以及蒸汽吹灰等，若调整无效要考虑降低机组的负荷运行。

（7）运行中尽量控制受热面温度变化速率，减缓氧化皮剥落。制粉系统的启动要缓慢，给煤量要逐步增加，减温水的投入要谨慎，防止汽温大起大落。

（8）机组正常运行中控制升、降负荷速率，一般不超过10MW/min。

（9）机组正常停机要采用滑停方式。滑停过程中屏式过热器、高温过热器和高温再热器出口蒸汽温度的温度变化率不高于 1.8℃/min。

（10）机组由于故障紧急停机，炉膛通风 10min 后立即停止送、引风机运行并关闭送风机出口和引风机进、出口挡板进行闷炉，防止受热面快冷。如紧急停炉后需要对锅炉进行冷却，要控制高温过热器、屏式过热器、高温再热器出口蒸汽温度和上述受热面金属温度降温速率不超过 3℃/min。

（11）加强运行金属温度监督和停炉后受热面的检查。根据受热面金属温度变化情况指导停炉后受热面内氧化皮的检查分析，停炉后有机会对受热面管进行抽样和对金属温度高的管屏割管检查，若发现氧化皮沉积严重应及时进行清理。

第二节　防止"四管"泄漏典型案例

一、云南镇雄超临界 W 火焰炉燃烧调整

华电云南镇雄电厂 2×600MW—HG-1900/25.4-WM10 型锅炉为一次中间再热、超临界压力变压运行带内置式再循环泵启动系统的直流锅炉，单炉膛、平衡通风、固态排渣、全钢架、全悬吊结构、Π 型布置、露天布置。锅炉燃用无烟煤，采用 W 火焰燃烧方式，在前、后拱上共布置有 24 组狭缝式燃烧器，6 台 BBD4062（MSG4060A）双进双出磨煤机直吹式制粉系统。2 号炉自投运以来，频繁出现水冷壁超温的状况。为优化锅炉燃烧，解决水冷壁超温的安全性问题并提高其经济性，拟对 2 号炉进行燃烧优化调整试验。

1. 燃烧调整前的主要问题

华电云南镇雄电厂 2 号炉检修后于 2012 年 10 月 17 日开始点火，并随后带满 600MW 负荷运行。通过摸底后发现了以下问题：

（1）水冷壁频繁超温。锅炉燃烧不稳，加上炉内热负荷分布不均，导致锅炉的水冷壁频繁超温，仅 10 月 22 日及 10 月 23 日两天，2 号炉上部水冷壁出口壁温超过 500℃ 的许可壁温达 16 次之多。图 4-1 所示为 22 日、23 日两天的前墙上部水冷壁出口管壁温度 24、26、28、29 等 4 根管的温度分布情况。从图中可以看出，前墙上部水冷壁的平均温度在 440℃ 以上。多数时候的壁温在 460℃ 以上，表明前墙热负荷较高。

（2）炉内热负荷分布不均。除水冷壁管壁温度超温以外，各面墙的热负荷分布也不均匀。表 4-1 所示为各面墙水冷壁出口壁温的平均值。10 月 22 日及 23 日锅炉满负荷运行，前墙上部水冷壁出口壁温平均为 416℃，而右墙水冷壁壁温仅为 393℃。这面墙的平均壁温温度相差达 23℃，即使在 450MW 负荷下，水冷壁上部出口温度的最大偏差也达到了 19℃。而管壁温度反映了管内的工质温度，又考虑到锅炉水动力的自补偿特性，这更加说明各面墙热负荷偏差非常大。总的来说，前墙壁温较高，右墙和后墙壁温较低。这反映了前墙热负荷较高，右墙及后墙热负荷偏低。

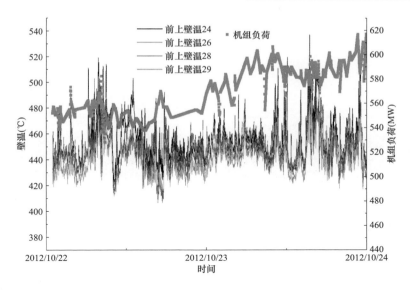

图 4-1 燃烧调整前水冷壁频繁超温

表 4-1 各面墙所有测点的平均壁温（℃）

	前墙	后墙	左墙	右墙
600MW 负荷（10 月 22 日及 23 日）				
水冷壁上部出口	416	397	400	393
水冷壁下部出口	396	394	392	388
450MW 负荷（10 月 20 日及 21 日）				
水冷壁上部出口	397	382	382	378
水冷壁下部出口	378	379	376	375

除了各面墙之间热负荷偏差较大以外，在同一面墙之间不同水冷壁管管壁壁温偏差也较大。图 4-2 所示为锅炉平均热负荷为 450MW 运行时，各面墙水冷壁上部各个测点的 48h 平均壁温。从图中可见，左右后三面墙沿宽度方向热负荷分布较为均匀，但是前墙热负荷分布极不均匀，各个壁温测点的平均壁温最大偏差达 50℃以上。

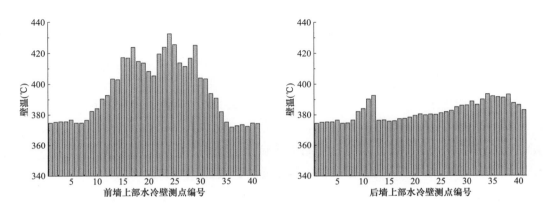

图 4-2 燃烧调整前各墙沿炉宽方向的壁温分布（一）

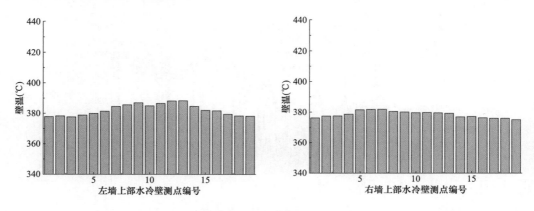

图 4-2　燃烧调整前各墙沿炉宽方向的壁温分布（二）

（3）变负荷时壁温波动大。在锅炉变负荷时，尤其是减负荷时，容易引起炉内燃烧的波动，导致壁温急剧波动。图 4-3 所示为 10 月 21 日锅炉变负荷时前墙上部水冷壁出口壁温的变化。从图中可知，此次升降负荷导致前墙壁温两次超过许可壁温（500℃）。

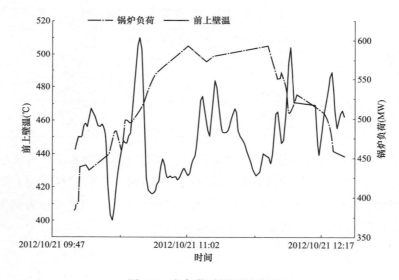

图 4-3　变负荷时的壁温波动

2. 主要调整措施

根据上述问题，于 10 月 25 日至 11 月 4 日开展了燃烧调整，涉及以下内容。

（1）二次风挡板的调节。燃烧调整前后的二三次风门开度如图 4-4 所示。可以看出，调整前基本上是前墙总风门开度略大于后墙总风门。但是根据挡板特性，一般来说，挡板开度在 70％以上时，随着挡板开度增加，风量增加较少。

通过摸索试验，对二次风门的开度进行了调整，见图 4-4。与调整前的开度相比，前后墙的二次风总风门都略有关小，但是根据挡板的特性，前墙开度从 90％开到 85％

左右，风量变化不大；而后墙总风量从 72％开到 60％，风量减少较多。因此，与以前开度相比，调整后的前墙风量会比后墙风量大更多。

总风门80%		总风门70%		总风门72%		总风门70%		总风门72%		总风门80%	
二次风76%	三次风40%	二次风70%	三次风53%	二次风70%	三次风55%	二次风70%	三次风56%	二次风70%	三次风55%	二次风80%	三次风46%
A3	A1	E3	E1	C3	C1	C4	C2	E4	E2	A4	A2
炉膛											
F3	F1	D3	D1	B4	B2	B4	B2	D4	D2	F4	F2
二次风85%	三次风43%	二次风80%	三次风50%	二次风85%	三次风50%	二次风85%	三次风50%	二次风80%	三次风50%	二次风80%	三次风35%
总风门85%		总风门90%		总风门92%		总风门90%		总风门90%		总风门85%	

调整前：

总风门76%		总风门60%		总风门60%		总风门60%		总风门60%		总风门75%	
二次风80%	三次风40%	二次风80%	三次风45%	二次风80%	三次风45%	二次风80%	三次风45%	二次风80%	三次风45%	二次风80%	三次风40%
A3	A1	E3	E1	C3	C1	C4	C2	E4	E2	A4	A2
炉膛											
F3	F1	D3	D1	B4	B2	B4	B2	D4	D2	F4	F2
二次风85%	三次风40%	二次风85%	三次风53%	二次风82%	三次风50%	二次风82%	三次风50%	二次风85%	三次风53%	二次风85%	三次风40%
总风门85%		总风门84%		总风门84%		总风门84%		总风门84%		总风门85%	

调整后：

图 4-4 燃烧调整前后的二次风挡板开度

燃烧调整前，前后墙风量差别不大，由于折焰角对烟气的影响，整个热负荷靠近前墙，因此经常出现前墙超温状况。燃烧调整后，前墙风量远大于后墙风量，形成前墙压后墙的燃烧流场，这样下炉膛后墙热负荷高，上炉膛前墙负荷高，使各面墙的热负荷更加均匀。此外，调整后的煤粉在炉内停留时间更长，有利于燃烧。

而二、三次风的配比既要保证二次风有一定下冲刚度，也要防止下冲过度；而三次风风量既要保证扰动的风量，也要防止风量太大或者太小，与二次风的配比不合理。

（2）容量风的调节。容量风的开度大小，主要影响有以下三点：①影响分离器出口一次风温；②影响一次风煤粉浓度；③影响一次风的风速。如果提高容量风的开度，则一次风温增加，煤粉浓度降低，一次风速增加。除一次风温对提前燃烧有利外，其他都对燃烧不利。从 2 号炉的调试来看，容量风的开度越大，越不利于煤粉的提前燃烧。

11 月 3 日 19：35，燃烧波动较大，前墙壁温急剧升高，当关小所有磨煤机容量风挡板后，壁温快速下降，如图 4-5 所示。这主要是因为关小容量风后，燃烧得以提前，火焰中心下移，达到上下热负荷分配合理的目的。因此，建议在不堵磨煤机的情况下，尽可能减小容量风的开度。

（3）制粉系统的调节。煤粉细度的大小直接影响炉内的燃烧特性，因此了解各台磨煤机的特性显得特别重要。试验组于 10 月 30 日至 11 月 8 日进行了各台磨煤机的煤粉特性试验。通过试验，了解了各台磨煤机的煤粉细度特性。表 4-2 所示为各台磨煤机的 R_{90} 及 R_{75} 的特性。

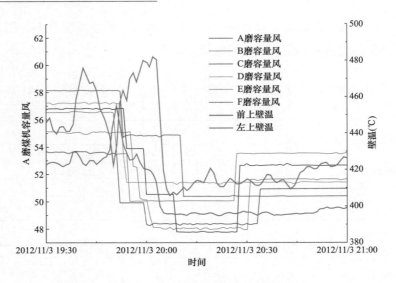

图 4-5　容量风的开度与壁温的影响

表 4-2　　　　　　　　　　　　各 台 磨 煤 机 的 特 性

分离器的动态转速		60%	65%	70%	75%
A 磨煤机	$>R_{90}$	16.94%	12.18%	9.13%	6.99%
	$R_{75}\sim R_{90}$	16.77%	18.39%	14.85%	11.04%
B 磨煤机	$>R_{90}$	13.53%	10.74%	8.82%	6.50%
	$R_{75}\sim R_{90}$	24.70%	25.98%	21.34%	18.22%
C 磨煤机	$>R_{90}$	14.28%	15.22%	11.79%	7.57%
	$R_{75}\sim R_{90}$	12.51%	12.90%	9.95%	10.91%
D 磨煤机	$>R_{90}$	20.05%	15.24%	14.89%	10.98%
	$R_{75}\sim R_{90}$	19.71%	21.23%	22.41%	20.54%
E 磨煤机	$>R_{90}$	6.51%	5.87%	5.00%	3.47%
	$R_{75}\sim R_{90}$	18.22%	21.84%	21.53%	32.76%
F 磨煤机	$>R_{90}$	15.04%	13.21%	10.08%	8.12%
	$R_{75}\sim R_{90}$	6.66%	7.89%	6.15%	5.81%

由于要保证前墙压后墙的基本运行模式，因此要把前墙煤粉细度设置得相对较粗，而后墙煤粉细度相对较细。通过磨煤机煤粉细度测试和燃烧调整试验，最终将 C、E 磨煤机的动态分离器相对转速定为 78%，其余磨煤机的动态分离器相对转速定为 75%。

（4）汽水分离器出口过热度的调节。通过前期的调整，得知汽水分离器出口过热度能够调节上下炉膛的热负荷比例，过热度越低，下炉膛的吸热比例越高，上炉膛的吸热比例越低，这样水冷壁上部出口壁温也越低，壁温安全性越高。除此之外，降低过热度能够减少减温水的使用，对降低发电煤耗也有益处。因此，建议实际运行时汽水分离器出口过热度控制在 10℃ 左右。

（5）乏气风的调节。乏气风的使用能够改变一次风的煤粉浓度和下冲刚度，以及能够重新分配炉内的热负荷。通过前期优化调整，关闭 B1B3 及 A1A3 后，能够减小左右侧水冷壁壁温的偏差，达到左右墙热负荷分布均匀的目的。

（6）总风量的调节。风量的大小直接影响到炉内的燃烧，总风量较低，不利于煤粉的完全燃烧，固体未完全燃烧热损失较大；而总风量偏大的话，则锅炉的排烟热损失较大；因此，通过前期的调整，氧量控制在 2.9%～3.0% 之间较为合适。

3. 燃烧调整后的运行状况

通过上述调节方式，改变了炉内热负荷的分布，主要是增加了后墙、右墙及下炉膛的吸热量，使得整个炉膛受热更加均匀。

（1）水冷壁超温基本解决。从 11 月 4 日燃烧调整阶段结束后，水冷壁壁温一直处于稳定的状态。图 4-6 所示为 11 月 6 日至 7 日各面墙最高壁温测点的趋势图。从图中看出，燃烧调整以后，各面墙壁温均未出现超温状况，且多数时间壁温在 400℃ 左右，留有较大壁温安全裕度。

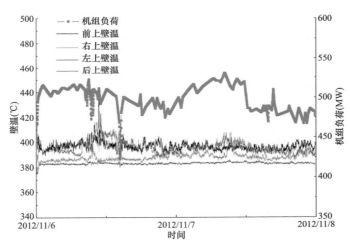

图 4-6 燃烧调整后壁温状况

（2）锅炉热负荷分布较均匀。燃烧调整以后，水冷壁超温状况明显减少，这主要是因为各面墙的热负荷更加均匀。表 4-3 所示为 11 月 6 日及 7 日锅炉 450MW 时的各面墙的水冷壁出口壁温。可见燃烧调整后的上部水冷壁出口壁温比较均匀，最大温度偏差仅为 9℃。可见 4 面墙的热负荷分布很均匀。

表 4-3　　　　　　　　　燃烧调整后 450MW 负荷下各面墙壁温 （℃）

位置	前墙	后墙	左墙	右墙
水冷壁上部出口	386	392	383	386
水冷壁下部出口	382	388	381	382

除了各面墙之间热负荷偏差较小以外，在同一面墙之间不同水冷壁管管壁温度偏差也较小，图 4-7 所示为 11 月 6 日及 7 日锅炉平均热负荷为 450MW 运行时，各面墙水冷壁上部各个测点的 48h 平均壁温。从图中可见，四面墙沿宽度方向热负荷分布较为均匀。

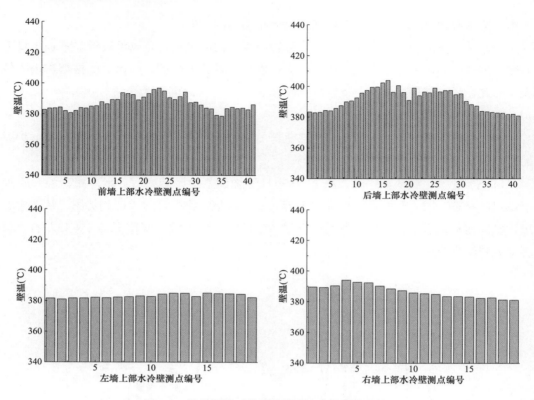

图 4-7　燃烧调整后各墙沿炉宽方向的壁温分布

（3）锅炉降负荷壁温平稳。通过燃烧调整，锅炉变负荷时壁温比较平稳。图 4-8 所示为 11 月 2 日晚 00：30 降负荷时的水冷壁壁温状况，在整个降负荷的过程中，壁温较为平稳，没有出现急剧波动和超温的状况。

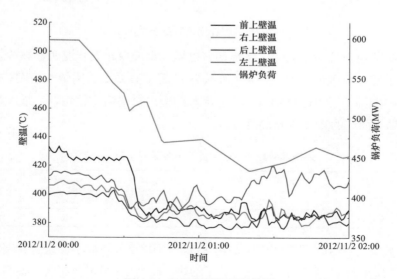

图 4-8　变负荷下的壁温状况

二、越南永新电厂"四管"泄漏问题专项预案

1. 总体预案

针对 W 火焰炉炉膛受热不均、热偏差较大、"四管"泄漏概率大的特点，特制订以下技术方案：

（1）锅炉启动过程中，防止管壁超温，特别是上部水冷壁、屏式过热器和高温过热器管壁超温。因此在启动过程中水煤比要控制合理，给煤量不能陡升陡降。禁止为控制汽温将给水流量降得过低，从而导致锅炉水冷壁超温爆管。

（2）机组运行过程中，合理控制机组升负荷率，防止升负荷过快导致汽温或壁温超限。

（3）合理控制炉膛氧量，防止锅炉偏烧，导致一侧缺氧运行。发生锅炉两侧氧量不平衡时要及时调整，通过合理配风和制粉系统运行方式的切换进行偏差调整。

（4）加强锅炉本体吹灰，防止受热面积灰或结渣导致换热不充分，使得其余受热面超温或受热不均，导致壁温高爆管。加强空气预热器吹灰，防止空气预热器堵塞使锅炉通风量不足。加强对吹灰器维护的管理或监督，防止因吹灰器内漏吹损管壁，最终导致炉管泄漏。

（5）控制好制粉系统煤粉细度，防止煤灰颗粒过大对管壁产生飞灰磨损，最后导致爆管。

（6）在高温过热器和高温再热器管屏的高温段均采用进口 TP347HFG（喷丸）材料（其材料的抗氧化性能大大优于 TP347H），从源头上可以有效预防氧化皮的生成，从而有效避免氧化皮大量脱落导致的爆管可能。

（7）同类型电厂高温再热器管屏悬吊处发生爆管缺陷，东方锅炉厂对该处悬吊结构进行了优化设计，有效避免了拉裂爆管缺陷的产生，确保了高温再热器管屏的运行安全性。

（8）根据国内同类型电厂的经验反馈，增加了防磨瓦块安装的范围，从而提高管子的抗磨损能力。

（9）针对低负荷阶段过热器易超温的情况，增设了过热器减温水旁路。

（10）W 火焰炉炉膛设计较宽，受到低负荷或变负荷时热应力局部集中问题，导致锅炉前墙上部水冷壁出现拉裂现象，严重时将导致爆管非故障停机。因此运行时加强对锅炉受热面温差控制，减缓升温速率。

（11）锅炉启停过程中，严格按照厂家提供曲线进行升（降）温、升（降）压的控制，并网前的温升速率控制不高于 1.85℃/min，机组并网后的升温速率控制不高于 2℃/min。

（12）锅炉启动初期投粉时，在确保对应磨煤机油枪（微油）全部投入的情况下方可启动磨煤机，磨煤机启动后维持最小出力运行，待燃烧充分，汽温、汽压稳定后再缓

慢增加磨煤机出力。

（13）控制锅炉水冷壁任意相邻两根管子之间的壁温差不超过 50℃，任意不相邻两根管子之间的温差不超过 80℃，出现温差时可通过设置运行磨煤机出力偏差、调整局部配风的方法进行相应处理，确保沿炉膛宽度方向热负荷均匀。

（14）加强运行监视与调整，加、减负荷过程中，尽可能维持过热度稳定，严格控制水冷壁温升小于 3℃/min。若出现燃烧、给水调节波动导致温升过快，应减缓变负荷速率，待稳定后再操作。

（15）就地加强巡检，吹灰结束后对吹灰系统进行全面检查，确认所有吹灰器均已退出，吹灰汽源关闭，防止汽源未关闭导致锅炉受热面吹损。

（16）定期对锅炉受热面进行吹灰，防止受热面积灰、结焦，导致传热恶化，进而引发爆管。

2. 防水冷壁受热不均、超温预案

（1）要求值班员对水冷壁壁温及温差控制引起足够重视，对启动过程中重大节点的操作反复进行仿真机演练，搞清楚引起超温的机理，总结好燃烧调整方法，做到勤调、细调。

（2）在运行中避免炉膛给水流量大幅度波动，尤其要避免给水流量骤降的现象，绝对禁止炉膛入口流量低于炉膛水冷壁管所需的最小流量值。机组变负荷调峰过程中，严格控制煤水比，避免炉膛热负荷过高。

（3）W 火焰炉炉膛温度较高，布置有大量卫燃带，有一定的蓄热能力，为避免变负荷时出现水冷壁壁温超温，建议升负荷时先提高给水流量再加煤，减负荷时先减煤再减水。

（4）根据机组负荷，选择适当的制粉系统，均匀分配炉膛热负荷，防止局部区域热负荷过高，造成水冷壁超温。

（5）合理进行二次风分配，沿炉宽方向采用凸曲线配风方式，增加炉膛中部进风量，有效降低炉膛中部沿烟气温度。

（6）按时执行炉膛吹灰，清除水冷壁灰渣、焦块，避免结焦造成温度超限。

（7）为防止过热器超温，尽量降低火焰中心位置，遵循拱形配风原则的前提下适当关小 F 挡板，减少拱下二次风；在总风量不变的情况下间接增加了拱上风即燃烧初期风量，使火焰中心下移；在 F 挡板位置一定的情况下，适当增加总风量，提高二次风箱与炉膛压差；适当开大 C 挡板开度，增加拱上风，使火焰中心位置下移，但过分开大 C 挡板，会减少煤粉主喷口的风量，使煤粉难以燃尽；适当开大运行磨煤机旁路风（不超过 20%），增加一次风速，使燃烧器火焰下冲延长，但开度过大会降低煤粉浓度，影响锅炉效率。

（8）一般要求前、后墙均等配风，但炉膛出口由于折焰角的布置，往往前墙壁温较高。有资料表明适当增加后墙二次风风量，烘上火焰中心反而偏向后墙，从而降低前墙壁温。该工程水冷壁下部前、后墙各布置 100 个壁温测点，左右墙各 36 个，上部增加了壁温测点，前墙上部布置了 162 个壁温测点，左右墙各 36 个，给运行调节带来了方便。

（9）为防止过热器不超温，过热度应尽量维持不过大，高负荷阶段，锅炉热负荷较均匀，可适当提高过热度。水冷壁壁温周期性波动与燃料的周期性波动有一定关系，主汽压力小范围波动也会使燃料调节速度较快，引起壁温短时上升。加负荷启磨时，容量风挡板操作应缓慢，控制不当就容易发生超温现象。

（10）超临界锅炉干、湿态转换时管壁超温是直流炉普遍存在的问题，因此干、湿态转换时的控制非常关键。启动时湿态转干态前应做好充分的准备，燃料量增加要有充分的余地，避免转态时制粉系统出现意外而扰动。同时可以适当考虑提高转换点负荷，保证平稳过渡，防止转换反复交替，引起壁温反复波动。

（11）锅炉干湿态转换时，优先投运靠近侧墙燃烧器，减小炉膛中部热负荷。缓慢增加燃料量，避免大幅增加燃烧率，造成炉膛热负荷快速上升，水煤比失调的情况发生。

（12）转直流时，按说明书要求，逐渐提高给水流量，减少循环泵流量，使炉膛入口流量尽量稳定。通过提高燃烧率，增加分离器出口过热度的方式进行自然转直流，避免转直流前炉膛入口流量、循环泵流量较大的情况下进行人为停循环泵进行转直流，以减少流量骤降对省煤器和水冷壁的热冲击（循环泵出口工质温度高，给水旁路工质温度低），并避免流量骤降引起水冷壁壁温超温。

（13）设计转直流负荷 30%BMCR，根据壁温计算在此负荷下，由于水冷壁管内流速较低，燃烧热负荷偏差大等因素，水冷壁壁温有可能较高，应尽快带过，避免在转直流负荷下长时间运行，并适当后移转直流负荷。

（14）在临界压力时，工质处于大比热区，传热恶化，容易引起水冷壁壁温超温，因此应避免下炉膛出口工质在临界压力附近运行。如需在下炉膛出口压力在临界压力点对应负荷下运行时，建议控制下炉膛出口压力偏离临界压力 1MPa。

（15）良好的给水控制逻辑，可以减轻运行人员工作量，且有利于水冷壁壁温和蒸汽参数的控制，运行一段时间后根据水冷壁壁温、主蒸汽温度、压力变化等参数对给水逻辑控制进行优化。

（16）严格控制好水质，防止受热面结垢，特别是启动过程中每个节点都需控制水质，合格后才能升温升压。

3. 防止高温腐蚀预案

（1）当一次风喷口与炉膛中心线之间倾角不够或一次风动量与射流扩展角偏大的情况下，煤粉有可能冲刷前后墙上部；另外超临界 W 火焰炉采用旋流燃烧器，由于出粉不均、配风不均等影响，在靠近两侧的旋流燃烧器出口煤粉易偏向两侧墙。所以 W 火焰炉水冷壁容易在前后墙或侧墙拱区上部区域（特别是卫燃带脱落部位）发生高温硫腐蚀现象。特别是在空气预热器腐蚀堵灰严重的情况下，因炉内缺氧，导致 CO、H_2S 浓度较高，更容易发生腐蚀。

（2）防止高温腐蚀主要是防止管壁附近产生还原性气体，特别是高负荷时氧量不可太小。

（3）合理配风，增加贴壁风，降低水冷壁附近还原性气氛。

（4）组织好炉内动力工况，防止局部缺氧。

（5）控制煤粉细度，保证一次风流速不偏斜。

（6）两股向下的火焰应均匀，防止动量偏差过大从而引起其中一股贴壁。

（7）根据锅炉负荷，控制合理的二次风箱压力，避免火焰贴墙，造成局部水冷壁超温。

（8）正确选择一次风喷口与炉膛中心线的夹角；保证二次风与一次风之间的动量比恰当，以便煤粉气流有一定的引射长度，而又不至于在前后墙附近形成还原性气氛和腐蚀性气体。

（9）控制入炉煤质，煤质含硫量越高，越易引起高温腐蚀。

4. 防止高温氧化皮脱落预案

（1）正常运行时，氧化皮产生是不可避免的，但产生的速度与管壁温度有关，管壁温度越高，氧化皮产生的速度越快。因此，运行人员应严格控制受热面管壁温度不超温。

（2）正常运行时屏式过热器出口管壁温度应小于 585℃，末级过热器出口管壁温度应小于 605℃，再热器出口管壁温度应小于 620℃。

（3）锅炉正常运行时，主蒸汽温度在机组 35%～100%BMCR 负荷范围正常在 571℃，允许运行的温度范围为 561～576℃，两侧蒸汽温度偏差小于 10℃。锅炉正常运行时，再热蒸汽温度在机组 50%～100%BMCR 负荷范围为 569℃，允许运行的温度范围为 559～574℃，两侧蒸汽温度偏差小于 10℃。

（4）正常运行时，为防止屏式过热器超温，应严格控制屏式过热器出口汽温不大于 540℃。

（5）在一、二级减温水手动调节时要注意监视减温器前后的介质温度变化，注意不要猛增、猛减，要根据汽温偏离的大小及减温器后温度变化情况平稳地对蒸汽温度进行调节。

（6）锅炉运行中在进行负荷调整、启/停制粉系统、投停油枪、炉膛或烟道吹灰等操作，以及煤质发生变化时都将对蒸汽系统产生扰动。在上述情况下要特别注意蒸汽温度和壁温的监视和煤水比调整。

（7）在蒸汽温度调整过程中要加强受热面金属温度监视，蒸汽温度的调整要以金属温度不超限为前提进行调整，金属温度超限必须适当降低蒸汽温度或降低机组负荷并积极查找原因进行处理。

（8）在再热蒸汽温度手动调节时，在调整再热蒸汽温度时注意不要猛开、猛关烟气挡板，事故减温水的使用要注意减温器后蒸汽温度的变化，防止再热蒸汽温度振荡过调。锅炉低负荷运行时要尽量避免使用减温水，防止减温水不能及时蒸发造成受热面积水，事故减温水调节时要注意减温后的温度必须保持 20℃ 以上过热度，防止再热器积水。

（9）升温升压速度过快会导致氧化皮的大量脱落，造成受热面过热爆管，因此启动过程应严格控制升温升压速度。

1）锅炉点火初期，燃料量应逐步投入，要控制总燃料量不超过 30t/h（燃油和燃煤总量，1t 燃油＝2.07t 燃煤），保证炉膛出口烟温探针不超过 540℃。当高低压旁路开启后，蒸汽流量建立起来，可逐步加大燃料量，烟气温度升高至 580℃ 时，退出炉膛出口烟温探针。

2）锅炉点火前水质严格按运行规定控制，给水水质不合格，严禁进入锅炉；锅炉水质不合格严禁点火；蒸汽品质不合格，严禁汽轮机冲转。

3）点火前，锅炉包墙环形集箱疏水阀、低温过热器入口集箱疏水阀、屏式过热器出口集箱疏水阀、低温再热器入口集箱疏水阀必须开启，以便于升温升压过程中将蛇形管内积水及时排净。主汽压力为 0.3MPa 时，关闭过热器、再热器各疏水阀。

4）饱和温度在 100℃ 以下时，温升速度小于 1.1℃/min，到汽轮机冲转前，温升速度小于 1.5℃/min，升压速度小于 0.1MPa/min。

5）过、再热蒸汽温度（包括屏式过热器进出口温度）在 0～200℃ 时，升温速率应小于或等于 2℃/min；温度 200～300℃ 时，升温速率应小于或等于 1.5℃/min；温度大于 300℃ 时，升温速率应小于或等于 1℃/min；过热蒸汽升压速度应小于或等于 0.1MPa/min。

6）机组并网后，在 50%BMCR 负荷以下，升负荷速率控制在 3MW/min；在 50%BMCR 负荷以上，升负荷速率控制在 6MW/min。升负荷过程中，汽温应平稳上升，升温速率应小于或等于 1℃/min，汽温的波动幅度小于 10℃。

7）启动过程中由于蒸汽流量小，汽温迟延大，因此汽温的调整应提前控制，减温水门和烟气调温挡板注意不要猛开、猛关，要根据汽温偏离的大小及减温器后温度变化情况平稳地对蒸汽温度进行调节，避免汽温大幅波动。

（10）统计表明，氧化皮一般更容易在降温过程中发生剥落，在 350℃ 附近发生剧烈剥落。由于停炉过程及停炉后的冷却对氧化皮的脱落有着重大影响，因此要控制好降负荷和降温降压速度。具体措施如下：

1）停机方式应尽量采取滑停方式。

2）负荷在 50%BMCR 负荷以下，降负荷速率控制在 3MW/min。

3）过、再热蒸汽温度（包括屏过进出口温度）降温速率应小于或等于 1℃/min；过热蒸汽降压速度应小于或等于 0.1MPa/min。

4) 停炉后应采取"闷炉"方式，即关闭上水门、停运给水泵，停运引、送风机，严密关闭各烟风挡板。

5) 分离器压力为 0.8MPa，锅炉带压放水。放水后 4h，可破坏炉底水封、微开引风机出入口挡板自然通风。

6) 锅炉停运后应严格闷炉，以防形成自然对流通道，降低因前后墙水冷壁出现两侧温度低、中间温度高而产生的左右横向应力。即使锅炉停机消缺，也不能为了抢时间而立即强制通风，忽视水冷壁的安全正常情况下，不得强制通风冷却。如遇特殊情况必须进行抢修工作，得到生产副总同意后，方可在分离器金属温度达到 180℃时，启动引风机对炉膛进行通风冷却。

(11) 当锅炉出现大量氧化皮时，可在机组启动时通过高、低压旁路快速开大、关小进行大流量冲洗。

积 灰 与 堵 塞 控 制

积灰与堵塞的原因分析及控制措施

锅炉尾部受热面积灰危害很大，如果积灰得不到及时清除，被积灰覆盖的受热面管的换热性能将大大下降，造成锅炉排烟温度升高，排烟损失增大，降低锅炉效率，影响机组运行的经济性。

一、积灰与堵塞原因分析

W 火焰炉尾部烟道积灰存在多种原因，如锅炉长期低负荷运行、燃用煤种与设计值存在较大偏差、燃煤灰分含量高或灰黏结性强、受热面局部区域烟气流速低导致飞灰易沉积在受热面上、吹灰器吹灰压力及频率不足或存在吹灰盲区等，此外还与受热面的布置方式、烟气的流动方式、烟气流速、受热面的壁温等多种因素有关。

为了适应新环保标准，满足氮氧化物排放要求，目前绝大多数电厂采用了耦合"炉内低氮燃烧＋选择性催化还原 SCR"的联合脱硝技术，经过两级脱硝，氮氧化物排放量可较好地满足环保的要求。但随着运行时间的延长，锅炉尾部烟道逐渐暴露出了严重问题，由于运行中的氨逃逸问题，造成空气预热器本体普遍发生差压升高，以及空气预热器受热面严重堵塞事故。该问题不仅显著降低了空气预热器换热效率，造成发电煤耗升高，更为严重的是，部分发电机组在堵塞严重时会被迫降负荷甚至停机，给锅炉安全、经济运行带来了不可忽视的风险。随着研究的深入，基本弄清楚了 SCR 脱硝系统投入后，造成空气预热器堵塞的原因是未完全反应的 NH_3（也叫氨逃逸）与烟气中的硫酸生成硫酸氢氨（NH_4HSO_4）。在适当的窗口温度下（一般在 $150\sim200℃$ 范围内），硫酸氢氨由固态变成液态，捕捉烟气中的飞灰，随之附着在空气预热器换热表面，造成空气预热器通流截面减小，烟气阻力上升。此外，空气预热器吹灰压力不足或者吹灰器故障停运均可能造成空气预热器积灰堵塞。空气预热器阻力上升时应及时进行空气预热器吹灰，根据空气预热器进出口差压优化吹灰频率。

二、锅炉尾部烟道积灰及空气预热器堵塞控制方案

锅炉尾部烟道积灰及空气预热器堵塞控制方案的控制目标一方面是优化吹灰控制，

防止锅炉尾部烟道严重积灰，另一方面是严格控制氨逃逸，防止空气预热器积灰堵塞。

1. 设计阶段

设计阶段锅炉尾部烟道积灰及空气预热器堵塞控制方案见表5-1。

表5-1 设计优化控制方案

项目	主要内容	负责单位
燃料堆放管理	煤场来煤根据煤种、燃烧特性分堆堆放	燃运部门
煤粉取样装置	磨煤机分离器出口的四根粉管，至少其中两根上装设煤粉取样装置，煤粉取样装置宜采用网格法自动取样型式，取样代表性强，节约人力，为制粉系统优化调整和混煤掺烧提供科学参考	EPC
空气预热器波形	采用通透性强的空气预热器换热元件波形，采用较宽的波纹通道或较低的传热面高度，有效防止吹灰器吹扫能量的分散，提高深入元件盒的清洗效力，提高抗堵灰能力	EPC
吹灰器	选用可靠性高的吹灰器，避免由于吹灰器频繁卡涩、故障导致受热面长时间未吹灰而造成的积灰堵塞	EPC

2. 安装阶段

安装阶段锅炉尾部烟道积灰及空气预热器堵塞控制方案见表5-2。

表5-2 安装阶段控制方案

项目	主要内容	负责单位
吹灰器安装	确保吹灰器安装质量，防止由于吹灰器枪管弯曲卡涩造成吹灰器不能正常投运	安装单位
喷氨格栅安装	确保喷氨格栅按照设计图纸安装，保证喷氨均匀无死角	安装单位

3. 试运行阶段

试运行阶段锅炉尾部烟道积灰及空气预热器堵塞控制方案见表5-3。

表5-3 试运行阶段控制方案

项目	主要内容	负责单位
吹灰频率	优化吹灰频率，根据锅炉排烟温度和空气预热器进出口差压，及时进行吹灰，避免飞灰不断沉积	调试单位/运行单位
吹灰压力	目前，空气预热器吹灰压力设为1.0MPa，尾部烟道长吹压力设为2.5MPa。根据吹灰前后的阻力，排烟温度及停炉后的受热面检查情况，进行吹灰压力优化调整	调试单位/运行单位
煤质	严格控制入厂入炉煤质，避免燃用含硫量过高的煤种	业主/运行单位
煤质化验	对来煤燃运部门应做好全面的煤质化验工作，提供详细的煤质、来煤量信息，为配煤掺烧提供依据	燃运部门
干煤棚	烟气中水分高，飞灰的黏结性升高，易于沉积在受热面上。同时烟气中水分高使得烟气中SO_3易于形成硫酸，促进硫酸氢铵的生成。因此运行时干煤棚需投用，保证入炉煤水分符合要求，避免烟气中水分过高	EPC
优化喷氨	根据脱硝出口的烟气温度场，速度场，NO_x浓度场，对脱硝系统进行喷氨优化调整，严格控制NH_3逃逸率	调试单位/EPC
吹灰器投运	按照规定的压力和频次进行吹灰器投运，对投运的吹灰器进行巡视检查，发现并及时消除吹灰器的缺陷，避免由于吹灰器故障导致受热面长时间未吹灰而造成的积灰堵塞	吹灰器厂家/运行单位
燃烧调整	进行燃烧调整，优化配风方式，控制脱硝入口烟气NO_x含量，减少喷氨量	调试单位/运行单位
高压冲洗	当空气预热器阻力过大时，可以进行空气预热器在线高压水冲洗	EPC/运行单位
人工清理积灰	停炉期间，可以对空气预热器进行人工清洗换热元件或着清除尾部受热面积灰	EPC/运行单位

第二节　典型案例

本节将对越南永新电厂项目烟道积灰及空气预热器堵塞控制预案进行介绍。

一、水平烟道积灰控制

烟气中携带的灰粒在受热面上沉积的现象称为积灰；积灰不仅影响传热，还可能使烟道堵塞，甚至导致锅炉事故。

1. 解决措施

（1）结构设计上优化。优化折焰角布置，根据烟速水平选择合理的折焰角倾角和形状，如图 5-1 所示；合理选取水平烟道高温受热面的烟速，兼顾换热和防积灰的需要；合理布置长伸缩式蒸汽吹灰器，并设置有专门的人孔门。

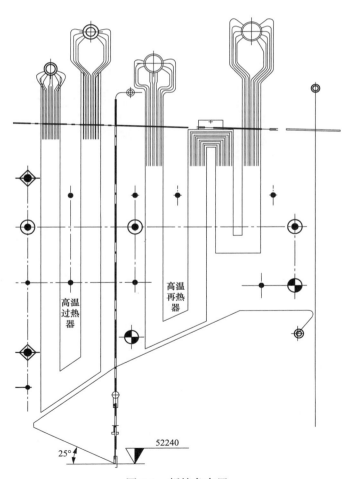

图 5-1　折焰角布置

（2）运行上的优化。增加易积灰区域的吹灰频率和吹灰时间。

2. 分析及建议

对于国内项目，由于受控电网要求，锅炉长期在低负荷运行，再加上燃用低热值的劣质煤等因素，造成锅炉飞灰量增大，水平烟道及后竖井烟道严重积灰的情况。在这种条件下，可考虑采用水平烟道增设扰流风系统，如图 5-2 所示，以达到减少水平烟道积灰的目的。目前该扰流风系统已在多台超临界锅炉上得到实际应用，并达到了预期的清灰目的。

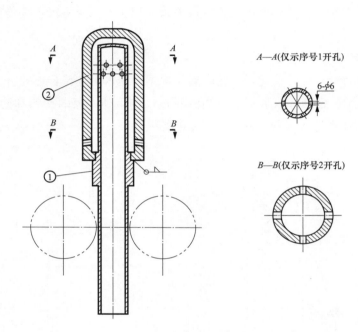

A—A(仅示序号1开孔)

B—B(仅示序号2开孔)

图 5-2　水平烟道扰流风管道

考虑到该项目与国内项目的区别，该项目投运后在越南电网可以长期满负荷运行，水平烟道区域的高温过热器和高温再热器烟速均在 10m/s 左右，再加上正常投运蒸汽吹灰器，应该能够保证水平烟道不会出现大面积积灰的情况，因此暂时不考虑增设水平烟道扰流风系统。后续该项目若发生煤种或负荷变化情况，出现较为严重的水平烟道积灰问题，可通过改造安装水平烟道扰流风系统。

二、空气预热器堵塞控制

（1）该工程燃用越南高灰分煤种，长时间运行空气预热器会出现堵塞，首先必须保证吹灰器的正常投入，要求每班吹灰一次。

（2）发现空气预热器烟气侧差压高，一、二次风压周期性波动可以判断空气预热器堵塞，应加强吹灰。增加吹灰次数，适当提高吹灰压力。

（3）吹灰器疏水应正常，开启疏水阀温度应合适，防止吹灰时疏水不尽，水气进入空气预热器。

（4）W火焰炉炉膛出口NO_x比较高，喷氨量大，相应氨逃逸率高，空气预热器易产生硫酸氢铵而堵塞，因此要控制好氨的逃逸率。定期对氨逃逸率表计进行核对，确保表计指示正确。

（5）每次较长时间的停炉，检查空气预热器转子结灰情况，发现堵塞及时人工冲灰。

（6）在长时间运行没有机会停炉时，可以考虑空气预热器在线冲灰。

（7）改善空气预热器材质。空气预热器积灰导致低温腐蚀加剧，腐蚀又会进一步加剧空气预热器积灰，从而形成恶性循环。低温区域采用耐腐蚀合金材料。

（8）对部分腐蚀、受损部件进行更换。利用机组停役期间，及时检查受热面，对腐蚀严重、损坏部分进行更换，以保证传热效果，减少积灰的可能性。

（9）停炉时对空气预热器进行高压冲洗。利用停炉期间，待空气预热器温度降至50℃以下，采用高压水对空气预热器受热面进行冲洗，将受热面的积灰、污垢进行有效清除。

第六章

锅炉启动及低负荷下的烟煤燃用

为节省投资、节约燃油消耗量，并保证工期和低负荷阶段锅炉安全，通常可在锅炉启动调试初期（吹管、冲转、低负荷阶段等）采取烟煤启动。低负荷阶段调试工作完成后，机组也将按照设计的常规无烟煤启动方式启动。本章将对锅炉启动及低负荷下燃用烟煤的必要性、可行性、安全性及具体方案进行论述，并以越南永新电厂项目为例进行介绍。

第一节　燃用烟煤替代方案的可行分析

一、燃用烟煤的必要性和可行性

1. 燃用烟煤的必要性

W 锅炉常规点火方式为先投入油枪（点火初期必须全烧油），逐渐升温直至热风温度达到 180℃左右、炉膛温度达到 500℃以上，启动制粉系统投粉燃烧，此时燃油消耗量一般达到 20～24t/h，在机组并网带负荷后随着锅炉负荷增加，逐渐投入上有无烟煤的制粉系统。在此过程中，保证投入足够的油枪，确保锅炉的燃烧稳定。在机组负荷达到 50%BMCR 以上，根据锅炉燃烧情况逐渐退出全部油枪，维持全无烟煤运行。

由于无烟煤难着火且不易燃尽，造成启动耗油量大、壁温易超温等问题，据统计国内 600MW 机组 W 锅炉纯无烟煤正常冷态启动一次燃油消耗量在 200t 以上。

在节能减排、降资降耗的背景下，为降低机组启停成本、缩短机组启停时间，经过不断摸索和技术创新，在低负荷运行期间采用微油/少油＋烟煤启动方式是当前普遍采取的较成熟方式，已在多个电厂实践过程中取得了很好的效果。该方法节省燃油消耗量、缩短锅炉启动时间、降低水冷壁超温风险、降低锅炉低负荷灭火风险、提高燃烧经济性，因此不失为一种可取的启动方式。采取烟煤启动的好处有很多，如表 6-1 所示。

表 6-1　　　　　　　　　　　　采用烟煤启动与采用无烟煤启动的比较

比较项目	烟煤启动	无烟煤启动
PAC 前试运耗时	较短	较长
操作人员的水平要求	较高	较高
燃料采购渠道	较难	较易
环保性能比较	较好	较差

具体而言，采用烟煤启动具有如下优势：

（1）采取烟煤启动可以节省投资，产生可观的经济效益。据初步统计，与常规启动方式相比采用烟煤启动至少节省 50% 的燃油消耗量。据调研，近期投产的三个 600MW 越南工程（沿海电厂、永新二期、瓮安电厂）实际调试油耗均超过 30000t，初步分析认为主要原因是：①越南无烟煤着火特性较差，调试期间单纯烧无烟煤，没有采取烟煤点火、少油点火等节油措施。②启动初期和低负荷助燃燃油消耗量大。③低负荷燃烧不充分，稳定性差，部分机组最低稳燃负荷较高，70% 以下负荷仍不能断油等。根据不同启动方式经济性的比较结果见表 6-2，采用烟煤启动具有显著的经济性。

表 6-2　　　　　　　　　　　　　　　启动方式经济性比较

比较项目		理想模式	悲观模式（考虑设备消缺、重复启动等影响）	中间模式
烟煤启动	耗油量	5000t	10000 吨	7500t
	耗油金额	400 万美元	800 万美元	600 万美元
无烟煤启动	耗油量	24000t	24000 吨	24000t
	耗油金额	1920 万美元	1920 万美元	1920 万美元
7 万 t 烟煤价差	0	0	0	0
烟煤启动增加设备金额（元人民币）		磨煤机增加防爆门预计支出 80 万元人民币		
烟煤启动燃油节约金额	万美元	1508.6	1108.6	1308.6
	万人民币	10379.2	7627.2	9003.2

（2）保障工期，利于机组顺利投产。采用烟煤启动方式可以实现在首次点火和蒸汽吹管阶段投运制粉系统，采用稳压吹管的工艺可以投运 3～4 套制粉系统，同时除灰除渣系统也提前带负荷试运，这样可以在整套启动前充分暴露和处理设备存在的问题，保证整套启动顺利进行、缩短整套启动的工期。

1）采用烟煤启动方式可以实现稳压吹管（投用设备多，提前充分暴露问题）。

2）吹管次数少，临冲门故障概率相对降低，吹管工期可以保证。

3）吹管效果好，经稳压吹管后的锅炉在整套启动达到汽水品质合格要求时间短。

4）降低灭火、超温等事故概率，保证工期计划刚性。

5）保守估算可节约工期 10～20 天。

（3）提高低负荷运行安全性。根据已投产的东方锅炉厂 W 火焰超临界锅炉运行情况来看，在采用燃油＋无烟煤的启动方式下，锅炉可能出现低负荷水冷壁局部超温和大屏过热器超温的安全问题。而根据攸县电厂采用烟煤启动的运行数据和经验来看，采取烟煤启动后的优点主要体现在：缩短锅炉启动时间、降低水冷壁超温风险、降低锅炉低负荷灭火风险、提高燃烧经济性，以及降低污染物生成量。

1）在采用燃油＋无烟煤的启动方式下，锅炉可能出现低负荷水冷壁局部超温和大屏过热器超温的安全问题。

2）采取烟煤启动方式，可以缩短锅炉启动时间、降低水冷壁超温风险、降低锅炉低负荷灭火风险、提高燃烧经济性，以及降低污染物生成量。

（4）提前达到环保要求，减小环保排放压力，避免环保纠纷。气泡油枪加烟煤的启动方式下，燃油及煤粉燃尽率高，对环保设备的污染程度降低到最小，可以随机甚至提早投入电除尘及海水脱硫系统，降低污染物排放，减少甚至避免烟囱冒黑烟情况。在攸县电厂调试及生产期间，采用气泡油枪加烟煤的启动方式，布袋除尘（对油的污染更为敏感，经多次开人孔内部检查，均未发现脏污现象）及脱硫系统均为点火前随机投入，达到国内排放要求。

1）采用烟煤启动可以提早投入电除尘及海水脱硫系统，降低污染物排放，减少甚至避免烟囱冒黑烟情况。

2）在攸县电厂调试及生产期间采用气泡油枪加烟煤的启动方式，布袋除尘及脱硫系统均为点火前投入，达到国内排放要求。

2. 燃用烟煤的可行性

（1）W 火焰炉煤种适应性强，并非只能燃用无烟煤。

1）参考 DL/T 831—2015《大容量煤粉燃烧锅炉炉膛选型导则》、GB/T 7562—2010《发电煤粉锅炉用煤技术条件》、JB/T 10440—2004《大型煤粉锅炉炉膛及燃烧器性能设计规范》等标准，W 火焰燃烧方式是大容量锅炉燃烧难着火、难燃尽煤种（无烟煤、贫煤）常采用的一种方式。在生产实际过程中其对煤种的适应性较强，并非只能燃用无烟煤，燃烧方式的选择主要依据煤质特性，相应的设计规范和标准中只是针对难着火的煤种推荐采用 W 火焰燃烧方式。

2）已投产的同类型 W 锅炉（如国电南宁电厂、大唐攸县电厂、大唐金竹山电厂、华润鲤鱼江电厂、大唐株洲电厂等）在启停过程中甚至正常带负荷运行期间均燃用一定比例的烟煤，在提高锅炉燃烧稳定性、经济性、安全性方面取得了不错的实际效果。经过生产实践中的探索和总结提炼，已积累了丰富的运行经验，从实践中证实燃用烟煤是可行的。

3）国电南宁电厂（2011 年）和大唐攸县电厂（2016 年）W 火焰超临界锅炉均是在低负荷阶段采取烟煤启动的方式，节约了大量燃油，保证了调试工期，各项指标优良，取得了不错的效果。大唐攸县电厂 2×630MW 超临界 W 锅炉，1 号机组于 2016 年 7 月 26 日投产，调试用油 2000t 以下。在攸县电厂调试期间，采用烟煤与无烟煤"分磨掺烧、炉内混燃"方式，入炉煤主要有三种（北方烟煤、北方贫瘦煤、本地无烟煤），其中 A、B、D、E 四套制粉系统均掺烧过干燥无灰基挥发分 V_{daf} 为 25％左右的北方烟煤。

通过采取用烟煤启动、优化油枪出力与配风、稳压吹管、加强燃烧调整及早断油等措施，两台机组实际燃油消耗量远低于合同考核值，超额完成节油目标，再创同类型机组最低水平。

（2）锅炉启动及低负荷阶段燃用烟煤在技术上是可行的。目前国内已有调试公司在劣质煤燃烧、混煤掺烧、优化运行、无烟煤锅炉节能降耗综合治理和技术改造等方面具备国内领先水平。国内 W 火焰炉锅炉也已有运行实践。多家技术单位如锅炉厂（锅炉供方）、上海成套院（技术顾问单位）、广东电科院（技术监督单位）、北方重型机械厂（磨煤机供方）、广东设计院（设计单位）、EPC 等均就低负荷阶段烟煤启动进行了分析研究，并共同讨论了启动和低负荷燃用烟煤的可行性与风险。

在锅炉启动阶段，合理地燃用烟煤不会对燃烧器的安全性造成风险，低负荷时燃烧器是能安全运行的，在启动阶段，250MW 以下，燃烧器不会出现不可控的结焦。低负荷时无烟煤改烧烟煤后，在炉拱以下区域燃烧更充分。下炉膛吸热更多，能使得进入混合集箱前，工质基本处于过热状态，水动力更稳定，且上炉膛热负荷相对减少，因此低负荷时水冷壁不会因为无烟煤改烧烟煤而拉裂。

启动和低负荷燃用烟煤在技术上是可行的，节约燃油效果显著，在采取相应的技术管理措施、运行管理措施后其风险是可控的。

二、燃用烟煤的安全性及问题应对

由于 W 火焰炉设计以燃用无烟煤为主，因此在锅炉燃烧参数设计选型、制粉系统及辅机选型方面是以无烟煤为基础进行的，当燃用烟煤时，可能对锅炉运行产生一些影响。就目前 W 火焰炉掺烧烟煤期间发生的不安全事例汇总来看，在启动及低负荷阶段燃用烟煤影响 W 火焰炉运行安全可能的风险有：制粉系统着火与爆燃、粉管着火与燃烧器烧损、尾部烟道再燃烧、炉膛结焦、受热面拉裂等。与此同时，燃用燃煤也对 W 火焰炉安全经济运行有诸多有利因素，主要体现在：缩短锅炉启动时间、降低水冷壁超温风险、降低锅炉低负荷灭火风险、提高燃烧经济性，以及降低污染物生成量。

根据《电站磨煤机及制粉系统选型导则》、《火力发电厂制粉系统设计计算技术规定》等，双进双出钢球磨煤机制粉系统在磨制烟煤时，需从安全性上加强控制，其设计参数、设备要求等与无烟煤不同，以防止运行控制不当发生事故。

对于锅炉启动和低负荷期间燃用烟煤存在着制粉系统着火和爆炸、燃烧器喷口烧损、尾部烟道二次燃烧等风险，其他已投运同类型电厂并未突出。为控制风险，需要建设方、制造、设计、安装、监理、调试等单位一起采取对应的预控措施，降低燃用烟煤的风险，保证机组安全稳定运行。在锅炉启动和低负荷期间，无论燃用烟煤还是无烟煤都存在尾部烟道二次燃烧的风险，且无烟煤着火和燃尽特性差，其风险并不比烟煤低。一般来说，在锅炉启动及低负荷阶段掺烧烟煤，炉膛不会产生结焦现象，不会增加结焦的风险。燃用一定比例烟煤，相比较无烟煤而言煤粉的着火和燃尽特性相对较好，促进炉内的热负荷均匀分布，可以降低由于局部受热面膨胀不均导致的受热面拉裂风险。启动初期燃用烟煤可以降低 W 火焰炉屏式过热器区域受热面超温爆管的风险（较无烟煤安全性更高），同时亦可降低水冷壁超温的风险。

表 6-3   烟煤启动方式安全性比较

风险源	烟煤启动	无烟煤启动
燃烧器烧损的风险	存在，较低	较低
炉膛结焦的风险	未增大	存在
燃料自燃的风险	增大，较高	较低
水冷壁拉裂的风险	降低	较高
制粉系统爆燃的风险	增大，较高	较低
尾部再燃烧的风险	未增大，较低	较低
水冷壁超温的风险	降低，较低	较高
锅炉受热面爆管的风险	降低	较高
锅炉低负荷灭火风险	降低，较低	较高

1. 制粉系统着火、爆炸事故

煤粉爆炸的主要原因是煤缓慢氧化，产生可燃气体，可燃气体与空气混合，达到一定浓度后遇火发生的一系列连锁反应。影响煤粉着火和爆炸的因素主要有煤质特性、煤粉混合物温度、煤粉细度和煤粉浓度等。制粉系统着火和爆炸与制粉系统型式、煤质有关，与 W 火焰炉炉型无关。

防止制粉系统着火和爆炸的主要控制措施如下：

（1）设计阶段。煤粉管道设计时不允许有袋形和盲肠管，以及助长煤粉沉积的凸出和不光滑处。制粉系统所有设备进出管道的结构应保证不沉积煤粉。

（2）在设计阶段，对拟燃用烟煤磨煤机应增设防爆门，磨煤机和煤仓增设惰化系统。

（3）燃运应将每班上煤情况、煤质条件告知运行人员，使运行清楚入炉煤质情况，实时控制好运行参数。

（4）为控制好制粉系统运行参数，每台磨煤机的风量、风压、风速、温度等测点需可靠，安装单位应对热工信号引出管进行吹扫和打压查漏，确保其指示可靠。

（5）制粉系统的爆炸绝大部分发生在系统启动、停止等变工况阶段，因为此时气流中的含氧量相对增高。磨煤机后的粉、风混合物温度不应超过规定极限值，必须严格控制。对磨制烟煤的双进双出钢球磨煤机直吹系统，分离器出口温度应小于或等于 75℃。

（6）控制磨煤机正常料位在 400～600mm，不得高于 800mm 运行。

（7）防止煤粉沉积。提高一次风速至 25～30m/s，任何时候风速不得低于 20m/s，增强一次风携带煤粉的能力，防止发生积粉和燃烧器烧坏事故。

（8）对运行磨煤机两端热风盒进行温度测量，监视发展趋势。发现磨煤机热风盒烧红或该处温度异常高时，综合磨煤机出口 CO 检测值、分离器出口温度等参数进行判断，若各参数或其趋势伴随异常，立即停磨惰化。

（9）控制煤粉细度。根据《火力发电厂制粉系统设计计算技术规定》，燃用烟煤时煤粉细度 R_{90} 控制可参考 $R_{90}=0.5nV_{daf}+4$ 选取（例如为 $V_{daf}=30$，则 R_{90} 控制在 19％ 左右）。

（10）磨煤机紧急停运惰化后，密切监视磨煤机分离器、筒体各部温度，以及分离器出口 CO 含量，根据实际情况决定再惰化时间。磨煤机分离器出口温度降至 50℃ 以下，并进行磨煤机吹空操作，确保停运磨煤机内没有残留的烟煤余粉。

（11）增加磨煤机火灾保护逻辑，当分离器出口温度升速率为 20℃/10s 及 CO 大于 $150×10^{-6}$ 时，火灾保护动作，进行消防惰化。

（12）在磨煤机热风隔绝门安装过程中，安装单位应保证安装质量，监理单位进行旁站见证，确保隔绝门严密不漏。

（13）在机组停运前，值长应合理安排上煤，降低煤仓中烟煤的煤位，减小煤仓内烟煤的存留量。

（14）输煤沿线及原煤仓消防系统必须经验收合格，监控电视正常投入，运行期间燃运人员定期巡视，发现异常及时报告和处理。

（15）磨煤机停运过程及停运后的技术措施包括：①全开冷风门，关小热风门，逐步减少给煤量，控制磨煤机出口温度不大于 75℃。②维持分离器出口压力不低于 4.5kPa，当磨煤机料位降至不再变化后，再吹扫 20min，停运磨煤机。③交叉开启吹扫风门对风粉管道吹扫 120s。④开启磨煤机惰化蒸汽惰化。⑤磨煤机因故紧急停运后，应全开冷风门及一次风管风粉隔离门、全关热风门、开启冷风门保持较大的通风，防止挥发分积聚。如热风门关闭不严，分离器出口温度大于 75℃，则投入惰化蒸汽。⑥无论磨煤机运行或停运，当分离器出口温度异常快速上升，应视为制粉系统内部着火，应立即停运该制粉系统，投入惰化蒸汽。

2. 防止燃烧器烧损事故

相对无烟煤，烟煤的挥发分含量较高，其着火温度要低很多，因此燃烧烟煤时，运行调整不当可能发生燃烧器烧损事故。防止燃烧器烧损事故措施如下：

（1）燃烧设备的安装质量是正常组织炉内燃烧工况的基本保证，也是防止燃烧器喷口烧损的前提条件。安装单位必须从严把关安装质量，燃烧器安装应符合相应图纸及有关技术文件的各项要求，安装时应仔细考虑起吊方式和吊装顺序，采取必要措施，严防吊装过程中燃烧器产生永久变形。安装结束后应由监理、调试单位、锅炉厂技术人员对安装质量进行检查验收。

（2）控制合适的煤粉细度。燃用较细的煤粉会导致煤粉气流提前着火，炉膛燃烧器区域的热负荷集中，燃烧中心温度高，易引起喷口结渣和烧损。因此需定期对燃用烟煤的煤粉细度进行取样化验，及时调整磨煤机的钢球量、通风量及分离器的转速，根据入炉煤质控制好煤粉细度。燃用烟煤时煤粉细度 R_{90} 按照下列公式近似选取，即

$$R_{90} = 0.5nV_{daf} + 4$$

（3）在一次风管安装中，安装单位应严格按图施工，防止因安装的原因造成各一次风管的阻力差异过大，超出可调缩孔的调节范围，避免由于单根粉管煤粉浓度过高，导致煤粉着火提前而烧损喷口。

（4）煤粉着火点受到煤粉气流喷射速度和火焰传播速度的影响，燃用烟煤时，适当增大燃烧器喷口风速，一般控制在 20m/s 以上，可以使煤粉气流着火点推后，远离喷口，避免烧损燃烧器。

（5）将燃用烟煤的磨煤机出口温度控制在 75℃ 以下，增加着火热，推迟着火。

（6）对于投粉的燃烧器，确定合适的周界风开度，保证燃烧器喷口得到足够的冷却。

（7）加大拱区的供风量，适当开大拱上 A、B、C 挡板开度，降低燃烧器喷口区域温度水平，防止燃烧器烧损。

（8）定期检查燃烧器燃烧情况，及时清除燃烧器附近焦块，防止由于燃烧器堵塞，引起一次风粉管路积粉或堵塞，造成粉管或燃烧器烧损事故。

3. 防止尾部烟道再燃烧事故

在锅炉燃烧室内燃料未完全燃烧，其中部分可燃物在锅炉尾部区域不断积聚，这些积聚物在烟道内有重新燃烧的现象称为二次燃烧。由于燃烧初期，炉内温度相对较低，煤粉难以燃尽，因此在锅炉启动和低负荷期间，无论燃用烟煤还是无烟煤都存在尾部烟道二次燃烧的风险。预防尾部烟道二次燃烧的措施有以下几点：

（1）空气预热器安装和脱硝安装过程中提醒安装单位做好空气预热器蓄热元件的保护工作，防止遗物落入波形板内；安装结束后及每次停炉后督促各单位进行空气预热器内部的全面检查，清除异物。

（2）在吹管前就要求空气预热器水冲洗系统安装调试完毕，并经通水试验，水量充足，水压满足要求，必要时在吹管结束后空气预热器为热态时进行一次空气预热器冲洗。

（3）在油煤混烧期间，确保空气预热器连续吹灰正常投运。

（4）在油煤混烧期间，注意观察油枪雾化情况，发现雾化不好应及时处理，防止空气预热器积油，并根据燃烧情况及时调整二次风压，使火焰明亮，燃烧充分。

（5）保证烟煤的煤粉细度，强化着火，避免煤粉过粗，难以燃尽。

（6）在锅炉投粉后，加强现场看火，注意观察燃烧情况，及时合理地调整二次风风压，确保煤粉着火稳定，无闪烁现象，不冒黑烟。

（7）油枪安装完毕后，安装人员应进行吹扫，防止安装过程中有杂物进入造成油枪

堵塞。

（8）对燃油系统和雾化蒸汽系统进行彻底吹扫，清除系统中的杂物，避免油枪堵塞现象，保证油枪雾化效果良好，确保燃烧稳定。

（9）在停炉后，对燃烧室和烟道进行彻底通风，将积存的煤粉吹扫干净。

4. 防止炉膛结焦的技术措施

一般来说，在锅炉启动及低负荷阶段掺烧烟煤，炉膛不会产生结焦现象。从已投运的 W 锅炉来看，当燃用灰熔点低、含硫量高的煤种、负荷较高时可能造成炉膛结焦。

（1）入炉煤煤质控制的管理措施。①建议入炉煤干燥无灰基挥发分 V_{daf} 在 20%～25% 范围，收到基低位发热量 $Q_{net,ar}$ 在 19～22MJ/kg，收到基硫含量 $S_{t,ar} \leqslant 1.0\%$。②对入厂烟煤依批次取样化验灰熔点，建议灰软化温度 ST>1200℃。③燃运部做好配煤工作，为运行人员掺烧方式调整提供依据。

（2）运行方式与配风控制的技术措施。①建议优先在 B 磨煤机，或 E 磨煤机上燃用烟煤，防止两侧墙结焦。②优化烟煤配风，适当开大拱上风门开度，避免局部缺氧产生还原性气氛，造成灰熔点降低而导致结焦。③控制炉内过量空气系数，避免低氧运行。④建立锅炉本体巡视制度，出现结焦应迅速调整工况，并组织打焦。

5. 防止锅炉运行期间受热面拉裂

因锅炉设计、制造、安装、运行等方面的原因，易造成受热面（集箱）膨胀不畅、应力集中、温差应力大等，从而导致受热面（集箱）拉裂、泄漏。已投产的大唐金竹山电厂、国电南宁电厂等超临界 W 锅炉发生过多次因膨胀不畅导致的承压部件泄漏，其中大唐金竹山电厂锅炉自 2009 年 7 月投产以来共计发生膨胀拉裂泄漏 21 次，包墙过热器区域发生 10 次，水冷壁区域发生 11 次，其中 14 次进行带压堵漏维持运行（其中 7 次为水冷壁）。1 次水压试验中发现裂纹，引起机组停运的拉裂泄漏共 6 次，发生受热面（集箱）拉裂、泄漏并非因为掺烧烟煤。燃用一定比例烟煤，煤粉的着火和燃尽特性相对较好，促进炉内热负荷的均匀分布，可以防止由于局部受热面膨胀不均导致的受热面拉裂。

防止锅炉运行期间受热面拉裂的主要预控措施如下：

（1）在锅炉设计、制造阶段，锅炉厂家应总结以往同类型机组发生过的问题，采取优化设计，消除膨胀不畅。

（2）相比较无烟煤，掺烧烟煤时壁温均匀性更好，其热偏差更小，更不易发生受热面（集箱）拉裂。

（3）运行中严格控制水冷壁壁温不超温，在满足变负荷要求的前提下尽量减缓升降负荷速率。针对每次超温进行细致分析，找出引起水冷壁超温的具体原因，并制定不同运行工况下防止超温的具体措施。

（4）运行期间注意保证燃烧器均匀投入，使炉膛热负荷沿炉膛宽度方向均匀分布，减小热偏差。

（5）运行期间对照膨胀系统、锅炉结构图纸对水冷壁区域、包墙上部区域、水平烟道及风箱与炉膛连接部位等膨胀系统进行专项检查，找出设计、安装不符的位置，找出设计与运行实际不匹配的区域，对设计与安装不符的位置进行整改，对设计与运行实际不匹配的区域请锅炉厂进行校核计算，提出改进措施。每次开停机都需在不同阶段抄录膨胀指示，尤其是首次开机带负荷期间，在不同压力及不同负荷下需停止升负荷，全面检查膨胀无问题后方可继续升负荷。

6. 其他

W 火焰炉燃用烟煤时，因烟煤不仅有较高的发热量，而且挥发分较高，燃点低，在锅炉启动初期借助燃油助燃即可投入，可有效降低机组启动油耗，极大提高机组启动的经济性。

此外，相比于烟煤，燃烧初期采用无烟煤燃烧时，启动初期炉内温度较低，大量煤粉颗粒难以在炉内燃尽，使得煤粉的燃烧行程延长，造成屏式过热器区域的热负荷偏高。而启动初期，蒸汽流量相对较小，受热面管排无法得到足够的冷却，从而导致受热面超温。因此，启动初期燃用烟煤可以降低 W 火焰炉屏式过热器区域受热面超温爆管的风险。

三、锅炉启动及低负荷阶段燃用烟煤指导性意见

（1）各单位应高度重视启动和低负荷阶段燃用烟煤工作，成立以试运指挥部领导任组长，项目公司、总包方、调试单位、运行单位、安装单位、监理单位等相关单位及部门的具体负责人参与的烟煤启动领导小组。

（2）领导小组下设有人员相对固定的工作小组，负责烟煤启动各项条件的落实和检查。在机组启动试运过程中，由专人具体负责，对每天各班的上煤、调整工作进行具体管理和指导。

（3）各参建单位应明确自身职责，确保履责到位。

1）项目公司。监督总包方组织设计单位、调试单位、施工单位、运维单位落实烟煤启动相关条件和要求，负责所需燃料、燃油等物资的供应，参加烟煤启动各项工作的检查和协调。

2）总包方。负责成立烟煤启动工作小组，组织设计单位、调试单位、施工单位、运维单位落实烟煤启动相关条件和要求，做好烟煤启动全过程的组织管理和协调工作，出具燃用烟煤管理制度。

3）设计单位。负责烟煤启动需增加或变更的设计，提供及时的技术服务，对烟煤启动过程中发生的设计问题，根据规程规范的要求提出必要的设计修改或处理意见。

4）安装单位。负责烟煤启动设计变更的安装工作，负责启动阶段设备与系统的维护、消缺和完善，满足烟煤启动的设备条件，负责设备的运行检查。

5）调试单位。负责烟煤启动方案及其预控措施的编制，负责机组烟煤启动前的技术和安全交底，负责组织烟煤启动条件确认，负责在烟煤启动过程中运行操作的监督和指导，参与烟煤启动技术讨论。

6）运行单位。负责燃料堆放、上煤管理、设备巡视，编制相应的管理技术措施、运行操作规程、操作票，按照工作组的要求进行上煤，在调试方指导和监督下进行烟煤启动阶段的运行操作，负责设备的运行检查。

（4）各单位应根据本身实际情况制定相关管理措施、技术措施和风险预控措施。包括但不限于以下方面：

1）启动和低负荷阶段燃用烟煤管理制度。

2）启动和低负荷阶段燃用烟煤掺烧实施方案。

3）掺烧烟煤保障安全技术措施（燃煤磨制、燃烧）。

4）煤场燃煤堆放方案及安全保障措施（燃煤堆放）。

5）上煤管理方案及安全保障措施（燃煤输配）。

6）燃用烟煤应急处理方案。

7）与燃用烟煤相关的相应工作票及检修方案。

8）燃用烟煤期间的运行巡视制度和检查方案。

（5）建立健全启动和低负荷阶段燃用烟煤及节油奖励考核制度，确保启动和低负荷阶段燃用烟煤管理落实到位。

（6）加强燃料采购管理。重视煤矿点的遴选工作，了解拟购煤质数据（至少应包括元素分析、工业分析、灰成分分析、低位发热量、可磨性系数、硫含量），对所购煤质进行控制，烟煤挥发份 V_{daf} 宜在 $25\%\sim30\%$。

（7）建立及完善入厂煤、入炉煤化验制度，明确化验项目、化验周期等，并监督执行到位，确保上煤准确性，调整及时性。

（8）建立定期报告制度。燃运每班将上煤情况向运行值长汇报，化学化验人员每班将煤质化验结果向值长汇报，确保运行人员明晰实际入炉煤质，采取合理的配风方式和运行控制措施。

（9）高度重视煤场、输煤沿线、原煤斗、制粉系统等的消防安全，确保燃煤存、输、制、烧过程中 CO_2、水、消防蒸汽等系统和设备的完整性和可靠性，包括阀门、热工仪表和测点等，确保消防设施能可靠投入。

（10）增加必要的安全设计，通过报警、自动、消防、防爆门等，控制事故发生率，将事故伤害降低到最低。

第二节　典型案例

一、国内 W 锅炉点火初期节能稳燃技术手段

鉴于 W 锅炉常规启动方式油耗量大，而燃油价格比燃煤价格昂贵，因此目前国内

电厂 W 锅炉调试和生产期间均采取了节油技术措施以降低燃料成本。在机组经 168h 试运移交生产后，也是采用微油/少油＋烟煤点火方式。表 6-4 举例说明了东方锅炉厂生产的 W 锅炉启动初期主要采取的方式。

表 6-4 部分电厂启动点火方式

南宁电厂 600MW W 火焰炉，钢球磨煤机	点火方式	微油点火＋大油枪
	油枪出力	微油：150kg/h
		大油枪：1800kg/h
	开机启动方式	采用微油技术，启动初期用烟煤
金竹山电厂 600MW W 火焰炉，钢球磨煤机	点火方式	气泡油枪
	油枪出力	主燃烧器气化小油枪：120～150kg/h
		乏气气化小油枪：80～100kg/h
	调试期间	调试期间设计使用大油枪，投产后改小油枪
	节油启动方式	采用气泡油枪技术、启动过程用烟煤，专门设计储存烟煤的备用小煤斗
攸县电厂 600MW W 火焰炉，钢球磨煤机	点火方式	气泡油枪
	油枪出力	正常时油枪：200～800kg/h
	开机启动方式	采用气泡油枪技术、启动过程用烟煤，专门设计储存烟煤的备用小煤斗

南宁电厂 W 火焰超临界锅炉燃烧器同时配备了大油枪和微油油枪，大油枪主要作用是点火初期加热炉膛和热风温度，微油油枪主要作用是低负荷阶段投粉、稳燃。启动初期一般都是采取微油油枪＋烟煤的启动方式。

金竹山电厂和攸县电厂均采用气泡油枪，只是油枪出力大小不同。从运行情况来看，气泡油枪总体出力不大（属于少油点火范畴），但具有较好的雾化效果。攸县电厂正常投产后采取少油点火＋烟煤的启动方式冷态开机耗油量在 30t 以内，金竹山电厂该技术应用更早、冷态开机耗油量更低。

W 火焰炉采用双拱绝热炉膛，能有利地将高温烟气回流至着火区，提高下炉膛的烟气温度水平，使煤粉气流能迅速着火燃烧，解决了燃料的着火问题。同时拱上燃烧器下射式布置，使火焰形成"W"形，增加了火焰行程，延长了煤粉气流在炉膛中的滞留时间，提高锅炉燃烧效率。因此无论是从理论上分析还是运行实践，掺烧一定比例烟煤，适当提高燃煤挥发分，无疑对 W 火焰炉提高燃烧效率及燃烧稳定等都是有利的。湖南省 W 火焰炉机组的装机容量占火电总装机容量近一半（约 43％）。作为一个煤炭资源较缺乏的内陆省份，电厂用煤对外依存度高，对于燃用煤种选择空间小，这也为湖南电厂 W 火焰炉掺烧烟煤积累了丰富经验（金竹山电厂、株洲电厂、耒阳电厂、华能岳阳电厂、攸县电厂等）。

上述电厂在启动初期均采用了微油/少油点火＋烟煤的启动方式，取得较好的效果，未发生因采用该启动方式导致的安全事故。

二、越南永新电厂启动燃用烟煤案例介绍

1. 燃用烟煤技术方案

机组的启动方式在调试工作结束后转为设计的常规无烟煤启动方式，在锅炉启动调试初期（吹管、冲转、低负荷阶段等）采取烟煤启动。

燃料的稳定供应是锅炉燃烧的基础，拟定在锅炉点火初期，采取的点火方式为：第一阶段先投入油枪，暖炉升温；第二阶段油枪＋烟煤燃烧方式，即煤点火能量满足后投入烟煤，油枪同时运行；第三阶段油枪＋烟煤＋无烟煤燃烧方式，随着负荷增加，逐步减小烟煤量而增大无烟煤量，直至全烧设计无烟煤。

在锅炉点火初期，具体的混煤掺烧方式是点火期间 B 磨煤机上烟煤，其他磨煤机煤仓上无烟煤（一般俗称 B 磨煤机所上的煤为点火煤）。点火采用先投油枪，待点火后投煤条件允许时（启磨条件满足，即煤点火允许）先投入 B 制粉系统，来完成吹管、冲转等锅炉的空负荷及低负荷的调试内容。随着锅炉负荷增加，逐渐投入其他上有无烟煤的制粉系统，随着燃烧进行，B 制粉系统也逐渐过渡到无烟煤状态，直至全烧无烟煤。

在吹管阶段，拟采用过热器再热器一阶段联合、稳压为主、稳压和降压相结合的吹管方案。此特殊时期四套制粉系统（暂定 A、B、E、F）上烟煤，降压吹管时只投入 B 磨煤机，煤量为 35t/h；稳压吹管投运 3～4 台磨煤机，煤量为 150t/h，时间约 10 天，烟煤量不超过 5000t。吹管第三阶段（快结束）燃运人员注意控制原煤仓煤位，防止积累过多烟煤导致自燃。

在锅炉空负荷和带负荷调试期间（汽轮机冲转、并网、气门严密性试验、超速试验等），B 磨煤机上烟煤，先投油枪，煤点火允许后投入 B 磨煤机，煤量为 35～40t/h。E 磨煤机上烟煤备用，其余磨煤机上越南无烟煤。带负荷调试阶段烟煤煤量为 35～60t/h，随调试内容的进行和负荷的增加，逐渐增大无烟煤量至全烧无烟煤。

（1）启动初期对烟煤煤质的要求。根据我国煤炭分类方法及燃烧理论，烟煤着火温度比无烟煤低，较无烟煤而言其着火特性和燃尽特性要好。越南永新燃煤电厂一期调试期间烟煤煤质要求如表 6-5 所示。

表 6-5　　　　　　　　　　　　调试期间烟煤煤质要求

项目	指标要求	说明
收到基全水分	<12%	关键指标
空气干燥基灰分	<30%	
空气干燥基挥发分	15%～20%	
干燥无灰基挥发分	20%～30%	关键指标
收到基全硫	<1%	
收到基低位发热量	>20000kJ/kg	关键指标

机组带负荷后逐渐增大无烟煤比例至全烧越南无烟煤。

（2）对煤粉细度的要求。根据《电站磨煤机及制粉系统选型导则》、《火力发电厂制粉系统设计计算技术规定》等，对于越南无烟煤煤粉细度 R_{90} 宜控制在 5％ 以下。因此应在制粉系统出力、钢球装载量、钢球配比、系统通风量、分离器性能等方面加强对煤粉细度的控制，尤其是优化钢球配比。

（3）烟煤启动过渡至无烟煤措施。烟煤启动过渡至无烟煤，在运行控制方面从制粉系统调整和燃烧调整两个方面着手。

1）磨煤机从燃用烟煤转换成无烟煤前，首先应就地检查并记录煤仓煤位，根据现场燃料量估算煤仓剩余烟煤的燃用时间。

2）在预计将烧到无烟煤时，密切关注磨煤机出口风温、磨煤机出力等参数，综合判断是否煤质已发生变化。

3）确定煤质已发生变化或者预估烟煤已消耗完时，需继续运行 2～4h 后方可根据无烟煤的煤质特性逐步提高磨煤机出口风温至 90℃，最高不能超过 100℃。以免煤仓残存了烟煤进入磨煤机，增加磨煤机燃烧爆炸的风险。

4）将磨煤机出口一次风速逐步降低至 25m/s 左右，增加煤粉浓度，降低无烟煤的着火热，促进无烟煤的着火。

5）逐步增加分离器转速，调整煤粉细度至最佳经济煤粉细度（取样化验分析）。

6）根据燃烧情况，可将 A、B 风适当关小，调整 C、F 风的配风情况，适当调整炉膛出口氧量。根据无烟煤的煤质情况适当调整煤水比。

（4）加强无烟煤启动的操作培训。

1）对生产人员进行无烟煤启动的操作和注意事项专项培训。

2）对烟煤启动及烟煤过渡至无烟煤的燃烧和制粉系统控制进行专项培训。

3）在调试期间，每台机组均进行至少 2 次无烟煤启动，对运行操作人员进行实际操作指导和培训，无烟煤启动时机选择在机组带满负荷后再次启动时，进入 168h 可靠性试运前启动和机组性能试验的启动均采用无烟煤启动方式。

永新电厂调试期间燃料量需求计划见表 6-6。

表 6-6　　　　　　　　　越南永新电厂调试期间燃料量需求计划

阶段	内容	时间（天）	平均负荷率（%）	用油量（t）	烟煤 煤量（t）	无烟煤 煤量（t）	备注
锅炉吹管	首次点火，蒸汽吹管	10～15	—	1500	5000	0	上煤方式：4 台磨煤机全上烟煤降压吹管投运一台磨煤机，煤量 35t/h；稳压吹管投运 3～4 台磨煤机，煤量 150t/h
空负荷试运	点火、冲转、并网试验	10	—	1500	5000	0	B、E 两台磨煤机上烟煤（暂定，一用一备）投运一台磨煤机，煤量 40t/h 左右

阶段	内容	时间（天）	平均负荷率（%）	用油量（t）	烟煤 煤量（t）	无烟煤 煤量（t）	备注
低负荷试运	并网、暖机、气门严密性试验、超速至锅炉转干态	5		2000	4000	0	B、E 磨煤机上烟煤（暂定）投运两台磨煤机，煤量 40~80t/h
带负荷试运	168h 试运前带负荷调试和试验	15	70	1500	18000	50000	B、E 磨煤机上烟煤（低负荷阶段），其他磨煤机上无烟煤，烟煤煤量 50t/h
168h 试运		7	100	—	0	45000	全烧无烟煤，期间（据调试项目和要求）可让 B 磨煤机上烟煤（备用），其他磨煤机上无烟煤
机组性能试验	所有性能试验项目	20	85	—	3000	105000	全烧无烟煤，试验期间（据试验项目和要求）可让 B 磨煤机上烟煤备用，其他磨煤机上无烟煤
1号机组合计				6500	35000	200000	

2. 烟煤启动方案风险预控

（1）烟煤自燃风险及控制。越南永新一期电厂烟煤启动用煤计划采用澳大利亚煤，干燥无灰基挥发分为 16.4%，煤场自燃风险不大，主要自燃风险在煤仓内。为控制烟煤在煤仓里自燃，应做到：每次停炉前要把煤仓放空；在煤仓无法放空的情况下，加强巡检测温工作，发现异常及时处理；在煤仓上部皮带运转层配备消防水和二氧化碳气瓶；给煤机、磨煤机停运前清空积煤，吹扫干净。

（2）制粉系统爆燃风险及预控。燃用烟煤的磨煤机入口管道加装防爆门，防爆门的排放口附近不能有人员通道、电缆桥架等，并装设醒目安全警示标牌和隔离栏；监视燃用烟煤制粉系统一次风支管的风速不低于 20m/s，防止堵管。

（3）提高运行人员操作水平。PAC 之前至少安排两次无烟煤方式启动。关于烟煤启动运行操作的难点在于怎样从烟煤燃烧顺利地过渡到无烟煤燃烧，对于以下要点要编制操作方案，并进行培训，保证生产人员有足够无烟煤启动和运行的过程培训和运行经验。

切换煤种过程中如何控制磨煤机出口风温，对于烟煤建议风温为 70~80℃，对于无烟煤建议风温为 120℃。切换煤种过程中如何把煤粉细度 R_{90} 从 15%~18% 调整到 6% 左右方面，一次风风率调整，对于烟煤建议一次风率为 23% 左右，风煤比为 2.0；对于无烟煤一次风率为 19% 左右，风煤比为 1.6。

烟煤启动过渡至无烟煤在运行控制方面从制粉系统调整和燃烧调整两个方面着手。磨煤机从燃用烟煤转换成无烟煤前，首先应就地检查并记录煤仓煤位，估算煤仓剩余烟煤的燃用时间。在预计将烧到无烟煤时，密切关注磨煤机出口风温，磨煤机出力等参数综合判断是否煤质已发生变化。确定煤质已发生变化或者预估烟煤已消耗完时，需继续运行 2~4h 后方可根据无烟煤的煤质特性逐步提高磨煤机出口风温至 90℃，最高不能超过 100℃，以免煤仓残存烟煤进入磨煤机，增加磨煤机燃烧爆炸的风险。将磨煤机出口一次风速逐步降低至 25m/s 左右，增加煤粉浓度，降低无烟煤的着火热，促进无烟煤的着火。逐步增加分离器转速，调整煤粉细度至最佳经济煤粉细度。根据燃烧情况，可将 A、B 风适当关小，调整 C、F 风的配风情况，适当调整炉膛出口氧量。根据无烟煤的煤质情况适当调整煤水比。

（4）燃烧器烧损、炉膛结焦、水冷壁拉裂、受热面超温预控。因烟煤着火容易，且只在低负荷阶段燃用，高负荷阶段切换为无烟煤，因此只要按照燃用烟煤技术措施执行，燃烧器烧损、炉膛结焦风险不大，水冷壁及受热面运行工况较无烟煤启动工况要好，风险更小。

（5）烟煤采购。燃用烟煤时自燃、爆炸风险与烟煤煤质直接相关，必须控制烟煤挥发分含量。项目公司已根据煤质向煤炭供应商进行沟通，供应商就烟煤供应事宜给了回复，并提供了澳大利亚煤质资料，基本符合项目公司要求。

三、攸县电厂燃用烟煤启动案例介绍

攸县电厂锅炉为东方锅炉厂生产的 600MW 超临界 W 火焰锅炉，采用 6 台双进双出钢球磨煤机冷一次风机正压直吹式制粉系统。该厂 1 号机组于 2016 年 7 月 26 日投产，调试用油 2000t 以下。而贵州织金电厂 1 号机组 2015 年底投产，调试用油 4900t 左右。

由于东方锅炉厂 W 火焰锅炉点火和低负荷阶段燃烧器之间相互支撑较差、油枪与煤粉喷口有一定距离，这种结构和布置的特点难以满足点火能量较低的小油枪点燃无烟煤的需要，因此采用少油点火技术的同时必须燃用挥发分相对较高的烟煤或贫煤。攸县电厂在调试期间采取了气泡油枪＋烟煤的启动方式，取得了很好的效果，调试期间未发生不安全事故，各项指标优良。

攸县电厂主要采取的低负荷阶段启动措施如下：

（1）调试初期（点火吹管、空负荷试运阶段）燃用烟煤、低负荷试运阶段保留一台磨煤机燃用烟煤，在高负荷阶段逐步过渡到全烧无烟煤。

（2）锅炉成功采用稳压和降压相结合的吹管工艺，稳压吹管为主，投运 3 台磨煤机，燃油消耗量低（见图 6-1 和图 6-2）；降压吹管投运 1 台磨煤机，燃油量为 4~5t/h（见图 6-3）。

其中 A、B、D、E 四套制粉系统均掺烧过干燥无灰基挥发分 V_{daf} 为 23% 的北方烟煤。图 6-4~图 6-7 所示为机组从汽轮机冲转、低负荷到高负荷掺烧烟煤的制粉系统运行画面。

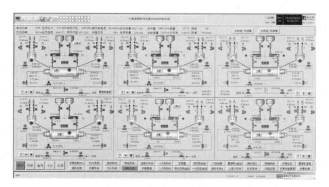

图 6-1　攸县电厂稳压吹管投磨燃烧情况

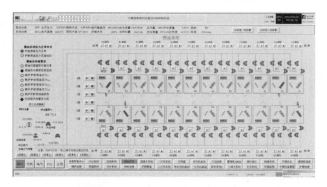

图 6-2　攸县电厂稳压吹管投油情况（四支油枪总出力 2.5t/h）

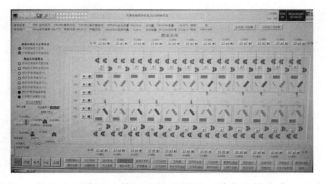

图 6-3　攸县电厂降压吹管过程投油情况（单支油枪出力 0.6t/h）

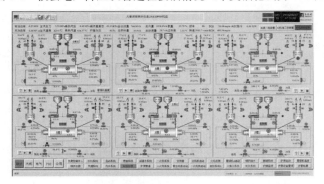

图 6-4　汽轮机冲转时制粉系统画面（B 磨煤机烟煤）

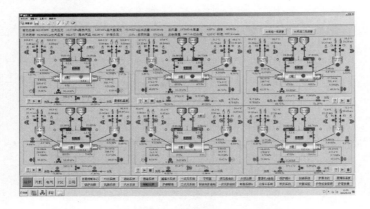

图 6-5　360MW 负荷制粉系统画面（B、F 磨煤机烟煤）

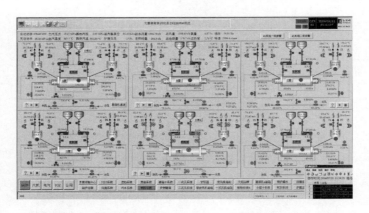

图 6-6　460MW 负荷制粉系统画面（A、B、F 磨煤机烟煤）

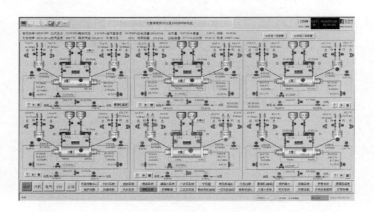

图 6-7　630MW 负荷制粉系统画面（A、B、F 磨煤机烟煤）

四、国内部分 W 火焰炉燃用烟煤常见事故异常及预控对策

表 6-7 所示为国内部分 W 火焰炉燃用烟煤常见事故异常及预控对策。

表 6-7　　　　　　　　　　部分电厂燃用烟煤常见事故异常及预控对策

电厂	电厂设备简述	事故原因	预控对策
		一、制粉系统爆炸	
某电厂1	2×600MW 机组 东方锅炉（集团）有限公司生产型号 DG1900/25.4-Ⅱ1 正压直吹式制粉系统，前后墙对冲燃烧方式，BBD4060 双进双出磨煤机	2008 年 4 月发生 2 起制粉系统爆炸事故，1 起发生在长时间断煤后，1 起发生在停磨过程中。 事故主要原因： （1）入厂煤质杂，采用炉前掺混的方式进行混煤掺烧，煤质挥发分严重偏高。 （2）长时间断煤和停磨抽粉时，磨煤机内煤粉非常细，氧浓度增加（2 次都是在未进煤时又增加了进磨风量），加上出口温度控制过高（均高于 100℃）	（1）加强混煤掺烧管理工作，规范和提高在燃煤堆放、上煤操作、部门协调等方面的管理。 （2）燃运应将每班上煤情况、煤质条件告知运行人员，使运行清楚入炉煤质情况，实时控制好运行参数。 （3）制粉系统的爆炸绝大部分发生在系统启动、停止等变工况阶段，因为此时气流中的含氧量相对增高。磨煤机后的粉、风混合物温度不应超过规定极限值，必须严格控制。对磨制烟煤的双进双出钢球磨煤机直吹系统，分离器出口温度应≤80℃。 （4）磨煤机紧急停运惰化后，密切监视磨煤机分离器、筒体各部温度，分离器出口 CO 含量，根据实际情况决定再惰化时间。磨煤机分离器出口温度降至 50℃ 以下，并进行磨煤机吹空操作。确保停运磨煤机内没有残留的烟煤余粉
某电厂2	2×300MW 机组 东方锅炉厂设计制造 DG1025/18.2″Ⅱ4 型 为中间储仓式乏气送粉系统，DTM350/600 型低速钢球磨煤机	2011 年 11 月发生 3 次制粉系统爆炸。 第 1 起：给煤机断煤；磨煤机入口热风温度较高，为 261.8℃；煤种含有易燃烧的褐煤成分。磨煤机入口侧煤粉爆炸。 第 2 起：细粉分离器入口水平管积粉发生自燃后引起爆炸。 第 3 起：湿煤黏结在落煤管或入口料斗斜坡上造成积煤，同时燃煤挥发分较高，在热风作用下将积煤引燃	（1）严格控制磨煤机进、出口温度，控制合理的风量、风煤比、煤粉细度等，对磨制烟煤的双进双出钢球磨煤机，分离器出口温度应≤75℃。 （2）对制粉系统进行全面检查，消除易积煤粉区域等潜在隐患。 （3）加强煤种燃运管理工作，防止水分过高的煤种进入制粉系统
		二、粉管及燃烧器烧损	
某电厂3	300MW 哈尔滨锅炉厂制造 HG-1025/18.2-YM13 型 四角切圆燃烧方式 中间仓储式热风送粉 DTM3570 型钢球磨煤机	2008 年 2 月，1、2 号锅炉多个燃烧器的炉外管及侧旁二次风箱相继发生烧红现象，严重者出现风粉管与风箱接口处和周围风箱向外漏粉起火。 原因：掺烧干燥无灰基挥发分 30% 以上的劣质烟煤，并采用"分磨制粉、仓内掺混、炉内混烧"的混煤掺烧方式。具体为：A、D 磨煤机磨制高挥发分劣质烟煤，B、C 磨煤机磨制低挥发分无烟煤种，A、B 磨煤机的煤粉进 1 号粉仓混合，C、D 磨煤机的煤粉进 2 号粉仓混合。低负荷时，部分磨煤机停运，造成部分或全部燃烧器燃用高挥发分烟煤，运行人员未根据煤质变化及时调整风速、风温，对掺烧高挥发分煤种的安全技术措施执行不到位，给粉机等设备运行状态不佳，无法保证给粉的连续性，最终造成粉管烧损	（1）加强混煤掺烧管理工作，控制入炉煤挥发分。 （2）加强运行调整，制定出燃用高挥发分烟煤的详细的运行措施，严格控制混煤粉风速和风温。 （3）加强设备检修管理制度，保证设备的健康状态，及时消除设备缺陷

电厂	电厂设备简述	事故原因	预控对策
某电厂4	300MW 亚临界压力中间再热自然循环汽包锅炉型号为 HG-1021/18.2-PM27 燃烧方式为四角切圆燃烧，中间储仓式热风送粉系统，配钢球磨煤机4台	2016年12月，4号锅炉D1、D4燃烧器烧损原因： (1) 高挥发分的铜川煤（V_{ad}为35%左右）与低挥发分朝鲜煤（V_{ad}为8%左右）按照一定比例掺配，混煤的均匀性难以保证。掺混后混煤的V_{daf}高达32%，很容易造成煤粉提前着火，导致燃烧器烧损。 (2) 缺乏有效的燃烧器壁温监测手段。 (3) 运行人员对掺烧高挥发分煤种的安全技术措施执行不到位，粉管风速过低，最低低至14m/s，炉膛又频繁出现冒正压	(1) 规范配煤掺烧工作，严防纯高挥发分煤直接入炉烧损粉管。 (2) 增加燃烧器壁温测点。 (3) 制定出燃用高挥发分烟煤的详细的运行措施，严格控制粉管风速不低于18m/s
某电厂5	2×600MW 东方锅炉厂制造 DG2141/25.4-Ⅱ7型，前后墙各三层燃烧器，对冲燃烧，A（前墙下层）、F（后墙下层）层配纯氧等离子点火装置	2012年10月，1号炉等离子燃烧器烧损坏原因： 由于燃用劣质烟煤，等离子设计功率过大。等离子燃烧器内筒设计风速过低，热量聚集不易散发。煤煤含硫量高，易在等离子燃烧器内壁结焦，等离子燃烧器内部不光滑，易黏结焦块。运行经验不足，风速控制过低，等离子壁温控制过高	提高风速至25m/s以上。控制等离子燃烧器壁温不超过450℃。对等离子燃烧器进行改造，增加内部风速，内衬采用光滑防磨耐火陶瓷结构
		三、输煤皮带火灾事故	
某电厂6	900MW 超临界机组	2012年7月31日，3号皮带机起火，钢结构坠落。 原因：皮带机槽钢内侧长时间煤尘积累，能量逐步聚集，煤粉氧化，引起煤粉自燃。冲水后粉尘飞扬，发生明火爆燃，引燃周边的积粉、皮带。廊道内窜风效应使火势迅速扩大，造成顶部钢梁刚性退化并变形，失去框架结构的支撑作用，底部弯曲变形，钢梁从混凝土结构的支撑柱上滑落	(1) 加强输煤系统的消防设备的运行检修管理，确保自动喷淋系统无死角；感温测点全面覆盖，布置合理；火灾报警系统自动及时准确报警；消防水泵在火灾出现时能够及时自动启动。 (2) 加强输煤系统管理。要加强输煤系统、辅助设备设施、电缆桥架等各处积粉的日常清扫和巡查、检查工作，发现积粉、存粉应及时清理。 (3) 加强隐患排查治理。全面排查生产设备设施存在的火灾安全隐患，制定和落实防止设备设施积尘和自燃的整改措施。
某电厂7	600MW 超超临界燃煤发电机组	C-5B皮带尾部拉紧装置滚筒处积粉过多，发生自燃引发皮带着火。电缆槽盒设计及安装位置不合理，位于皮带下方，成为皮带的一个着火源，电缆槽盒积粉燃烧引燃电缆。皮带火灾报警系统未正常投入，运行人员监控不到位，未及时发现火情，致使火势蔓延。加之消防水压力不足，雨淋系统和消防水栓不能使用，部分灭火器不能正常喷射，使现场火势控制不力，造成事故扩大	

续表

电厂	电厂设备简述	事故原因	预控对策
某电厂8	350MW 超临界机组，5台 ZGM 中速磨煤机直吹式制粉系统	2014 年 10 月，6 号输煤皮带烧损。原因如下： （1）5 号带尾部除布袋式除尘器本体和排风管道内的积尘，造成积粉自燃引燃皮带。 （2）运行人员没有按巡回检查规定进行巡检，运行人员监盘不认真，未及时发现火灾险情。 （3）消防系统存在缺陷和隐患。火灾报警系统设计不完善，感温测点布置不合理，自动喷淋系统存在死角，消防水系统缺陷较多	（4）加强消防设备设施管理。定期检查和消除消防水系统和消费设施的缺陷，确保电厂消防设备设施保持良好可用状态。 （5）加强应急管理和培训
四、炉膛爆燃			
某电厂9	2×600MW 东方锅炉厂制造 DG2141/25.4-Ⅱ7 型，前后墙各三层燃烧器，对冲燃烧，A（前墙下层）、F（后墙下层）层配纯氧等离子点火装置	等离子点火装置可靠性差，故障频发。点火近 10h 长时间不正常燃烧，运行人员放宽相关连锁保护条件，盲目重复点火。炉膛内积聚大量未燃煤粉，纯氧等离子断弧未关相应燃烧器快关门（运行人员强制），氧气与煤粉混合，再次拉弧后锅炉爆燃	（1）加强配煤管理和煤质分析，并及时做好调整燃烧的应变措施，防止发生锅炉灭火。 （2）当锅炉灭火后，要立即停止燃料（含煤、油）供给，严禁抱着侥幸的心理采用爆燃法恢复燃烧。重新点火前必须对锅炉进行充分通风吹扫，以排除炉膛和烟道内的可燃物质。 （3）加强锅炉灭火保护装置的维护与管理，确保装置可靠动作；严禁随意退出火焰探头或连锁装置，因设备缺陷需退出时，应做好安全措施。热工仪表、保护、给粉控制电源应可靠，防止因瞬间失电造成锅炉灭火。 （4）加强运行管理，严格按照运行规程进行操作，加强运行人员安全意识和操作技术。 （5）严格把控设备投运，完善设备检修制度，保证设备运行状态良好
五、磨煤机着火			
某电厂10	630MW 超临界发电机组，东方锅炉厂 W 火焰超临界锅炉，设计煤种为攸县黄兰矿区的无烟煤和贵州贫瘦煤，与之相匹配的燃烧系统为 24 个双旋风煤粉燃烧器，气泡油枪	2016 年 9 月，磨煤机停磨后开孔检修，动火时火星落入磨煤机内，磨煤机内还有存粉，引发着火，采用消防水灭火。 后启动时煤块板结，采用热风烘干加慢传、然后启动的方式，反复 2~3 次恢复正常	停磨时抽粉 20min 以上，料位消失后还要继续抽粉 5~10min，保证余粉抽净。磨煤机开孔检修必须办理动火工作票，严格按工作票内容做好措施和监护。保证消防设施的完备和可靠性

电厂	电厂设备简述	事故原因	预控对策
某电厂11	300MW 亚临界压力中间再热自然循环汽包锅炉，型号为 HG-1021/18.2-PM27，燃烧方式为四角切圆燃烧，中间储仓式热风送粉系统，配钢球磨煤机 4 台	2016 年 1 月 11 日至 12 日，3 号炉 C 制粉系统连续发生 3 次着火。 第 1 次（起火）：燃用高挥发分烟煤（$V_{daf}=34.38\%$），系统内部煤粉自燃，并导致磨煤机内部起火。 第 2、3 次：着火部位为排粉风机入口，先前用于灭火注入的消防水与高挥发分烟煤反应，易产生易燃易爆的水煤气（主要成分为 CO、H_2），且湿度较高的煤粉也容易黏附或堆积于排粉机入口管道内壁、水平段、弯头、挡板等部位。大量的可燃物（固体和气体）聚集，达到爆炸临界值，加之系统内存在未扑灭热源	（1）中间仓储式制粉系统不适合磨制挥发分含量过高的烟煤，电厂需通过有效手段（如掺配）控制入炉煤挥发分。 （2）制定出燃用高挥发分烟煤的详细的运行措施，严格控制磨煤机进、出口温度，控制合理的风量、风煤比、煤粉细度等，建议制定启、停磨及磨煤机起火事故处理标准化操作卡并进行培训和学习；完善燃用高挥发分烟煤时的相关检修制度，特别是发生爆炸（起火）事故后的检查、清理及检修制度。 （3）燃用（掺烧）此类烟煤，磨煤机必须增加惰化装置，以便启、停磨及磨煤机筒体内部起火时投入。增加 CO 测点，以便及时监视。 （4）正常停磨时应将磨煤机内部存煤完全吹空、磨煤机完全吹冷。磨煤机事故跳闸后，如磨煤机内有存煤，最保险的方法是人工将磨煤机内部存煤清除。 （5）对制粉系统进行全面检查，消除易积煤粉区域等潜在隐患；定期对排粉风机进行检查，防止动静部分发生碰磨。 （6）磨煤机内部结构易积存煤粉处进行改造
		六、灰斗、灰库着火	
某电厂12	1000MW 超超临界对冲锅炉，东方锅炉厂，DG3033/26.15-Ⅱ 1 型	2014 年 3 月空负荷调试停运后，部分电除尘灰斗出现冒火星现象，检查发现空负荷未燃尽煤粉在灰斗内自燃。粗灰库因长期未进行输灰，低负荷段未燃尽煤粉也发生自燃现象	（1）投煤前必须保证输灰、除灰系统已正常投运。 （2）每次停炉前必须对各灰斗及输灰系统进行彻底输灰，保证无存灰。 （3）停炉冷却后，对各灰斗及空气预热器进行检查清理。 （4）灰库存灰要及时清理，不能长期存灰

第七章

吹 管 技 术 优 化

吹管是 W 火焰炉调试运行管理的重要部分，也是保证锅炉可靠性的关键环节，本章将围绕 W 火焰炉吹管优化技术展开论述。

一、吹管优化的意义

（1）合理选择蒸汽吹管方式、方法和参数，保证蒸汽吹管效果。

（2）吹管系统从严把关、吹管过程精心操作，确保吹管期间人身和设备安全。

（3）通过蒸汽吹管阶段调试，促进安装进度，为整套启动调试顺利进行创造好的条件。

（4）节省燃料消耗量和调试工期，采用稳压吹管，其中燃油/燃煤消耗量分别控制在 600、2000t 以内，若设备无重大缺陷则点火至吹管结束工期控制在 7 天以内。

二、蒸汽吹管调试技术策划及要求

1. 吹管方式的选择

采用过热器和再热器一阶段联合、稳压为主、稳压和降压相结合的吹管方案。一阶段吹洗具有系统简单、节省工期和燃料的优点，同时通过合理选择吹管方法、吹管参数能达到较好的吹管效果。因此拟采用一阶段吹管方式。

吹管方法一般分为蓄能降压法和稳压法两种。降压冲管可以通过持续不断的工况变化对受热面内的氧化皮等杂物产生扰动，使之可以从受热面内壁上剥落，并随着冲管气流排出；稳压冲管可以通过长时间的大动量比系数对受热面的颗粒进行携带。

（1）降压吹管。降压吹管的优点如下：

1）投入设备少（一般用油枪，最多投入一套制粉系统，汽动给水泵不用启动），操作简单（主要操作就是给水量调节）。

2）适用于汽包炉，汽包炉因为有汽包，锅炉系统蓄热量大，在降压吹管期间各受热面壁温变化量小，对厚壁元件寿命影响小，且降压吹管的吹管动量系数大（最大吹管动量系数可达 1.8，平均动量系数为 1.4）。每次吹管都有一定时间间隔和降温过程，利于管壁上的锈渣、颗粒脱落。

降压吹管的缺点如下：

1）吹管次数多，每次时间较短（3min 左右），且对于超临界直流锅炉，因无汽包，蓄热量小，吹管过程中金属壁温下降快，对厚壁元件（集箱及管道）会产生较大热冲击。

2）吹管效果较稳压差，经降压吹管后的锅炉在整套启动达到汽水品质合格要求时间长（首次冲转前须 3 天左右）。

3）吹管次数多，临冲门故障概率大，延长了吹管周期。

（2）稳压吹管。稳压吹管的优点如下：

1）吹管次数少，对受热面热冲击小，临冲门故障概率小。

2）投入设备多，可以在吹管期间将磨煤机（要达到稳压吹管参数要同时投入 3～4 台磨煤机）、汽动给水泵，有条件的情况下甚至电除尘、除灰渣系统投入运行，提前带负荷试运设备。检验了设备，可及早发现问题，对后续整套启动的顺利进行提供了有利条件。

3）吹管效果好，经稳压吹管后的锅炉在整套启动达到汽水品质合格要求时间短（首次冲转几小时洗硅即可达到要求）。

稳压吹管的缺点如下：

1）操作繁琐，操作难度大，在短时间内要投入 3～4 台磨煤机及汽动给水泵，既要调燃烧又要调整给水，还要投入减温水控制汽温，各系统操作需协调完成。

2）对制水、补水要求高，稳压吹管过程中耗水量大（850～900t/h），一般电厂的制、补水设备不能满足要求，需增加临时补水措施，并需合理安排用水。

3）对设备要求高，由于大部分设备均为第一次带负荷试运，特别是磨煤机及汽动给水泵，如发生故障，就会影响稳压吹管的顺利进行。

降压、稳压吹管各存在利弊，根据 DL/T 1269—2013《火力发电建设工程机组蒸汽吹管导则》第 4.6、4.7 条，直流炉宜采用一阶段稳压吹管方式。因此越南永新电厂一期工程拟采用过热器再热器一阶段联合、稳压为主、稳压和降压相结合的吹管方案。吹管前提前计划、安排及准备，既试运检验了设备，又达到了效果。

2. 蒸汽吹管的范围

锅炉受热面管束（蒸汽部分）及其联络管、主蒸汽管道、冷段再热蒸汽管道、热段再热蒸汽管道、炉本体吹灰系统管路、高压旁路管道。

3. 吹管过程策划

初步分为以下三个阶段：

（1）一阶段为降压吹管，检验临时系统的安全性，逐步升压试吹，消缺。

（2）二阶段为稳压吹管，3～4 套制粉系统试运，其中快结束阶段进行高压旁路管道吹扫，试打靶。

（3）三阶段为稳压和降压相结合，稳压吹管，后期降压打靶至合格（其中结束阶段进行蒸汽吹灰管路吹扫）。

吹管流程为：启动分离器→各级过热器及集箱→主蒸汽管道→高压主汽阀门室→临时管→临冲阀→临时管（集粒器）→冷段再热管路→各级再热器及集箱→热段再热管路→中压蒸汽阀门室→临时管→消声器→排大气。

（1）高压旁路系统。其流程为：启动分离器→各级过热器及集箱→主蒸汽管道→高压旁路管道→高压旁路临冲门→冷段再热管路→各级再热器及集箱→高温再热管路→临时管→消声器→排大气。其中高压旁路减温减压阀缓装，高压旁路回路不作靶板考核。

（2）锅炉本体吹灰管路。拟安排在第三阶段进行。在吹管过程中，主蒸汽压力在3.0～3.5MPa时，对本体吹灰系统管路进行蒸汽吹扫，需要由安装单位提前做好临时措施。吹扫要求如下：①本体吹灰系统的疏水短接后排至安全区域。②吹灰本体吹灰总门调试完毕，系统就地压力表投用。③所有吹灰器进汽口做好临时封堵工作。④本体至空气预热器吹灰的管路安装完毕。

4. 吹管参数的选择

吹管参数的选择必须保证在蒸汽吹管时所产生的动量大于额定负荷时的动量，吹管系数大于1。

根据锅炉分离器至汽轮机的各管道及各受热面的额定参数，以及临时管道材质的要求，在保证吹管系数的前提下，所取的吹管参数要合适。吹管参数初选为：稳压冲管汽水分离器压力为5.2～6.5MPa，在此过程中通过过热器蒸汽减温水，控制主汽温度不超过450℃，再热蒸汽温度通过再热器事故喷水控制在520℃以内。按照以上参数吹管，动量系数约为1.30～1.50，给水流量为850～950t/h左右；降压吹管分离器压力为6.5MPa左右。在此过程中，主汽温度通过蒸汽减温器减温要严格控制主汽温度不超过430℃，再热蒸汽温度不超过520℃。最终吹管压力可根据实际吹管情况进行调整。

在正式吹管前进行3次试吹，试吹过程中对吹管系统的膨胀、支吊、严密性等情况进行检查，以保证吹管临时系统的安全性和可靠性，试吹压力拟定为3.0、4.0、5.0MPa。

降压吹管每小时吹管次数不超过4次。吹管中至少要保证停炉大冷却2次，每次停炉冷却时间为12h以上。

5. 吹管过程控制优化措施

（1）安装单位提前做好临时补水措施。由除盐水箱引一临时管路至凝汽器补水，中间增加隔离门。利用锅炉疏水泵进行补水，另一台疏水泵排水（见图7-1）。

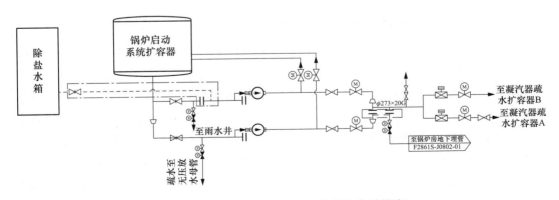

图 7-1　吹管临时补水系统图（虚线为临时管路）

（2）准备好燃油、燃煤、除盐水（燃油 1000t、燃煤 10000t，吹管期间除盐水用量约需 30000t，其中包括锅炉冷热态冲洗用水约 15000t，每阶段吹管耗水约 5000t）。煤质采用点火烟煤，具体要求见表 7-1。

表 7-1　　　　　　　　　　　　　　　蒸汽吹管煤质要求

项目	符号	单位	煤质
收到基灰分	A_{ar}	%	<20
收到基水分	M_t	%	6～10
收到基全硫	$S_{t,ar}$	%	<1.0
干燥无灰基挥发分	V_{daf}	%	20～30
收到基低位发热量	$Q_{net,ar}$	kJ/kg	>20000

（3）吹管临时系统的安装按照稳压吹管进行，临时管道的材质应采用合金钢材料（如 15CrMo、12Cr1MoVG 等），吹管临时管道应确保其内部清洁、无杂物。焊口须经 100% 无损检测。若进行异种钢焊接，必须按《火力发电厂异种钢焊接技术规程》进行处理和质量检验。靶板前的临时管道在安装前宜进行喷砂处理，焊口采用氩弧焊打底。

（4）具备投入四套制粉系统（暂定 A、B、E、F）的条件。

（5）磨煤机蒸汽消防系统能够正常投入运行。

（6）静电除尘器安装、保温工作结束，检查验收合格可投运。

（7）锅炉除灰、除渣系统具备投用条件。

（8）吹管临时系统经由有资质的单位设计，安装合格经验收签证，阀门挂牌完成。

（9）对高压、中压主汽门应采取临时阀芯，临时管从主汽门引出。

（10）高压缸排汽止回阀隔离不参加吹管，临时管从止回阀后管道接入。高压排汽止回门连接管道安装单位进行机械处理，并用内窥镜检查，经验收后方可安装。

（11）阀门的技术及安装要求。吹管临时控制门需准备 2 个，采取的方式可为临时系统中 2 个临冲门串联。临冲门应为公称压力不小于 16MPa，温度不低于 450℃，阀门公称直径不小于主蒸汽管道内径的电动闸阀，其全行程开关时间须小于 60s。吹管临时控制门的旁路门公称压力应不小于 16MPa，温度不低于 450℃，公称直径不小于 50mm。高压旁路临时控制门公称压力应不小于 16MPa，温度不低于 450℃。吹管临时控制门应靠近正式管道、垂直安装在水平管道，并搭设操作平台，能够在主控制室内进行远方操作，并具有中停功能。

（12）管道的技术及安装要求。临时控制门及其旁路门前的临时管道，设计压力应不小于 10MPa、温度应不低于 450℃；临时管内径不小于主蒸汽管道内径，旁路门管道内径不小于 50mm。临时控制门后的临时管道应能承受 4.0MPa 压力及 450℃ 温度。中压主汽门后的临时管道，设计压力为 2.0MPa，温度为 450℃；临时排汽管应能承受 1.0MPa 压力及 450℃ 温度，应采用合金钢材料，温度为 530℃。在选择与热段管等径有困难时，可选用管道总截面积大于再热热段正式管道总截面积的 2/3。对长距离临时管道应有 0.2% 的坡度，并在最低点设置疏水，主蒸汽、再热蒸汽临时管路疏水须分别接出排放。临时管道不宜采用 T 型的汇集三通，避免采用直角弯头，两管之间夹角应小于 90°，以 30°～60°锐角相接最佳。临时排汽管宜水平安装，排汽口稍向上倾斜，避开建筑物及设备。所有吹管临时系统应按照相应规定进行保温。其他系统的临时管道根据现场具体情况布置。

（13）支吊架和支架的技术及安装要求。吹管临时系统管道支吊架应设置合理、加固可靠。承受排汽反力的支架应采用落地或与柱梁连接的方式，不宜采用悬空吊架，其强度应按大于 4 倍的吹管计算反力考虑［参见《火电机组启动蒸汽吹管导则（2013 年版）》附录 B］。临时管道宜采用门字型框架和支撑支架，管道与框架之间应考虑膨胀间隙，在膨胀方向门字型框架外侧管道上焊接限位块，防止反力作用使管道反向位移量过大。框架和支架应牢固与地面或与固定钢结构相连接。

（14）集粒器的技术及安装要求。集粒器宜布置在锅炉再热器入口处，设计压力应不小于 3MPa、温度不小于 450℃、阻力小于 0.1MPa；若布置在汽轮机侧，其承压能力应适当提高。其结构参见《火电机组启动蒸汽吹管导则（2013 年版）》附录 C。集粒器应水平安装并搭设操作平台，安装位置应尽可能靠近再热器入口，且便于清理。若集粒器布置在机侧，要求再热冷段管道必须进行清理，并经检查验收合格。

（15）靶板器的技术及安装要求。靶板采用铝板制作，其宽度为排汽管内径的 8%（大于或等于 25mm），厚度不小于 3mm，长度纵贯管子内径，表面应进行抛光处理，无肉眼可见斑痕。靶板器应具有足够的强度，密封性好，操作灵活，并留有靶板的膨胀间隙，靶板固定螺栓孔宜加工为能适应热膨胀的椭圆孔，换取靶板应安全方便。靶板应尽量靠近正式管道，靶板前直管段长度应不小于 4～5 倍管道直径，靶板后直管段长度应不小于 2～3 倍管道直径。靶板前临时管道及检查人员通道处的蒸汽管道已有临时保温措施，靶板装设处已有牢固的平台。过热器出口和再热器出口分别装设靶板器。准备好50 块靶板，靶板应抛光，无肉眼可见斑痕。

（16）消声器的技术及安装要求。消声器在结构上应满足强度、膨胀、疏水的要求，并有防止杂物冲击的阻击装置，其设计压力应不小于 1.0MPa、温度不低于 450℃、阻力小于 0.1MPa、降噪后保证厂界噪声符合 GB 12348 的规定。对于重复使用的消声器，吹管前应对其受力集中部位焊口进行检查，确保其使用安全。消声器布置应避开周边建筑物及设备 30m 以上，否则需采取可靠的防止排汽冲击和污染建筑物及设备的措施。

（17）其他要求。对于吹管范围内不参加吹管的管道，应采取有效的措施保证内部清洁、无杂物，并经检查验收合格。吹管范围内的蒸汽流量测量装置不应安装，须用等径短管替代，吹管结束后回装时应采取措施防止焊渣及氧化皮落入管内。高压旁路减温减压装置不应参加吹管。吹管完成后，系统恢复时，立式管道严禁气体切割，并采取措施。水平管道切割时，一定要将渣物清理干净。

（18）正式吹管前需完成下列管道冲洗工作。

1）高压旁路、低压旁路减温水管路需冲洗干净。

2）轴封系统应事先用辅汽冲洗干净。

3）辅汽至磨煤机灭火蒸汽、辅汽至空气预热器吹灰管路应事先冲洗干净。

4）辅汽至除氧器加热管路应事先冲洗干净。

5）冷端再热器至辅汽和四级抽汽至辅汽管路应事先安排用辅汽反冲冲洗干净。

6）过热器喷水减温系统管路和再热器事故喷水管路应事先冲洗干净。

7）未参加吹管的管道，如主蒸汽、再热蒸汽导汽管路、高压排汽止回阀前的管路、低压旁路系统、中低压缸连通管等管路，需由安装单位在安装前安排进行人工清理，并经监理验收合格。

8）隐蔽工程的处理。该次没有经过吹管的管道，如高压旁路调节阀前管道、低压旁路管道、高压排汽止回阀连接管道等，安装单位进行机械处理，并用内窥镜检查，经验收后方可安装，如有条件可在吹管结束后进行清理。

三、吹管过程中反事故措施

1. 防止空气预热器着火（尾部二次燃烧）技术措施

（1）空气预热器投运前，空气预热器蒸汽吹灰系统应调试完毕，并经试验可用。

（2）空气预热器水冲洗系统安装调试完毕，并经通水试验，水量充足。

（3）空气预热器消防系统安装调试完毕，可以正常使用。

（4）空气预热器投运前，连锁试验合格，主电机跳闸后能联启备用电动机。

（5）空气预热器各声、光报警、转子停转、电控柜失电、火灾信号等热工信号经调试可用。

（6）在首次点火前和空气预热器及其附近烟道检修后必须对空气预热器进行全面检查、清理，以防竹跳板、彩条布等可燃物遗留在烟道内造成空气预热器着火。

（7）全燃油期间，注意观察油枪雾化情况，发现雾化不好应及时处理，防止空气预热器积油。

（8）在投粉初期和油煤混烧期间应加强煤粉着火情况监视，保证煤粉可靠着火、燃尽，发现煤火检不稳定现象应及时进行燃烧调整，避免未燃尽的煤粉积存在空气预热器换热元件和烟道内。

（9）发现投运油枪、火嘴火检信号丧失时，应查明原因并及时退出对应油枪和火嘴运行，在任何情况下均不得强制油、煤火检信号。

（10）在锅炉点火吹管阶段结束后和整套启动阶段停炉消缺期间，须安排专人对空气预热器换热元件、烟道进行全面检查，发现积油、积粉严重时必须进行清理。

（11）空气预热器发生二次燃烧，应立即手动 MFT 灭火停炉，并作如下处理：停送、引风机，关闭风机出入口挡板，关闭空气预热器烟风入口挡板，隔绝空气；保持空气预热器运行，投入消防水。

（12）从点火到全停油期间，蒸汽吹灰器应连续运行。

2. 防止锅炉灭火、放炮技术措施

（1）确保动力电源工作可靠，备用电源能及时投入。

（2）仪表控制电源工作可靠，备用电源能及时投入。

（3）炉膛出口氧量表准确可靠。

（4）FSSS锅炉燃烧管理系统调试完毕，工作可靠。试运期间，必须正常投入使用。

（5）MFT功能试验合格，保护动作正确。

（6）加强运行监督，密切注意汽温、汽压、蒸汽流量、炉膛负压和烟气中氧量等参数的变化，保证燃油及煤粉的供应稳定均匀。

（7）锅炉点火后，应经常检查油枪，要求不漏油、不滴油、油压正常，并注意保持油枪喷头的通畅，确保油枪雾化良好。

（8）炉膛温度较低时，应缓慢增加燃料，提高燃尽率，严格控制升压速率，防止因投入过多燃料而导致燃烧不完全甚至积粉积油。

（9）锅炉点火后，按运行规程要求，及时进行吹灰，防止受热面结焦。

（10）采用烟煤点火时，只有当热风温度大于120℃时才能向炉内投入煤粉。采用无烟煤点火时，只有当热风温度大于150℃时才能向炉内投入煤粉。

（11）运行过程中，严格控制炉膛负压。

（12）投油枪时，如不着火应立即停止进油，按规定通风吹扫后，方可重新点火投油。

（13）为确保煤粉燃烧器稳定燃烧和安全启动，点火油枪在对应的煤粉燃烧器投运和切除前应投入运行。

（14）当锅炉负荷较低、开始出现炉内燃烧不稳时，应根据情况投入油枪助燃。

（15）一旦发现炉膛灭火后，应立即停止向炉内继续输送燃料，停止制粉系统，并立即进行通风吹扫，禁止利用炉内余热投油爆燃。

3. 防火措施

（1）锅炉工作场地清除干净，无可燃、易爆物质存放。

（2）严格控制磨煤机出口温度不超过规定值，加强温度监视，防止煤粉爆燃。

（3）加强制粉系统巡视，发现漏粉应及时消除。

（4）磨煤机密封风压保护可靠，运行中加强磨煤机密封风压监视，防止磨煤机密封风压低而漏粉。

（5）严格监视各磨煤机总风量和一次风管风压，防止一次风管堵粉、燃烧。

（6）严格控制炉膛负压，防止因炉膛正压、火焰喷出引燃电缆、易燃金属等而发生起火事故。

（7）启动调试前，锅炉消防水系统全部安装完毕，并能正常投运。

（8）锅炉各个场地应配备数量充足的消防器材，运行、调试人员应能熟悉各种消防设备的操作，一旦发现起火应能及时扑灭。

（9）加强燃油系统，特别是炉前油系统的监视，一旦发现油枪、管道、阀门等处漏油、渗油，应立即进行处理，并把漏油清理干净。

（10）投运或停退油枪时应进行监督，防止发生误操作。

（11）油区、输卸油管道应有可靠的防静电安全接地装置，并定期测试接地电阻值。

（12）油区、油库必须有严格的管理制度。油区内明火作业时，必须办理明火工作票，并应有可靠的安全措施。对消防系统应按规定定期进行检查试验。

（13）输煤皮带不论上煤与否，都应坚持巡视检查，发现积煤、积粉应及时清理。

（14）煤垛发生自燃现象时应及时扑灭，不得将带有火种的煤送入输煤皮带。

（15）应经常清扫输煤系统、辅助设备、电缆排架等各处的积粉。

（16）定期检查和维修输煤系统的消防水系统、消防设施和火灾自动报警装置。

（17）输煤系统启动时，应开启除尘设备，减少皮带间扬尘。

（18）当发现皮带上有带火种的煤时，应立即停止上煤，及时清除并查明原因，切换输煤线路。

（19）不得在输煤皮带和设备上存煤，以防积煤自燃着火。

4. 防制粉系统爆炸事故技术措施

（1）加强入厂煤和入炉煤的管理工作，建立煤质分析和配煤管理制度，燃用易燃易爆煤种应及早通知运行人员，以便加强监视和检查，发现异常及时处理。

（2）做好"三块分离"和入炉煤杂物清除工作，保证制粉系统运行正常。

（3）加强运行监控，及时采取措施，避免制粉系统运行中出现断煤、满煤问题。

（4）磨煤机运行及启停过程中应严格控制磨煤机出口温度不超过规定值。

（5）定期进行维护和检查制粉系统充惰系统，确保充惰灭火系统能随时投入。

（6）当发现磨煤机内着火时，要立即关闭其所有出入口风门挡板以隔绝空气，并用蒸汽消防进行灭火。

5. 其他

（1）吹洗前应对管道充分暖管，防止水击事故。

（2）严格做好冲洗排气口的安全隔离措施，并应有专人负责。

（3）封住所有人孔门、看火孔关闭。就地看火前，适当提高炉膛压力。看火时站在看火孔的侧面，做好随时撤离的思想准备。

（4）现场人员如果发现运行中的设备发出异常声响或其他异常情况，无法消除或判明原因时，应当立即停止设备的运行，并向控制室报告。

（5）吹洗管线周围不应有易燃易爆物，现场必须配备足够的灭火器材。

（6）防止磨煤机平台着火，在此处放置临时消防装置，且制粉系统的消防系统处于备用状态。

（7）在吹管期间，为防止汽缸进水进汽，应严格做好吹管临时系统隔离措施，同时加强缸温监视，投入盘车系统。

第八章

燃 烧 配 风 优 化

尽管 W 火焰炉针对无烟煤和贫煤的挥发分低和低反应活性采用了多种针对性改进措施，但由于相比传统锅炉，W 火焰炉的煤粉着火存在延迟、炉内流场较为复杂，在实际运行中的燃烧控制难度较高，容易出现燃尽率低、NO$_x$ 排放浓度偏高的问题。本章将围绕 W 火焰炉燃烧配风优化，从炉内燃烧优化运行策略、燃烧配风技术、仿真分析方法等方面展开专题论述。

第一节 炉内燃烧优化运行策略

本节以应用最广泛的 FW 型 W 火焰炉为对象，以相关研究结果为基础，给出推荐的炉内燃烧优化运行策略。

一、炉内流场优化

根据不同二次风配比下气固两相流动特性试验研究结果，一定量的 E 层二次风不会过多影响颗粒在炉内的停留时间。当 E 层二次风量过大时，颗粒在炉内的停留时间会变短，对煤粉的燃尽不利。考虑到整台锅炉的燃烧组织，从 E 层二次风喷口通入一定量二次风可以达到分级供风的目的，有利于煤粉燃烧以及控制氮氧化物。因此，E 层二次风的推荐值为 F 层的一半。通入一定量的 E 层二次风有利于减少前后墙结渣。从 E 层二次风入口提供一定量的二次风进入炉膛，对浓煤粉流的颗粒浓度影响较小，因而对锅炉点火和稳燃的影响也不大。但是当空气速度从 F 层的一半增加到与 F 层相同时，颗粒扩散速度快很多，将使浓煤粉气流中的煤粉浓度降低，可能会导致煤粉点火的延迟。通过对颗粒在炉内下射的深度，在炉壁上结渣状况和浓煤粉气流颗粒扩散情况的分析，建议 E 层二次风取 F 层风速的一半。

淡煤粉气流百分比指淡煤粉气流风量占总一次风量的比例。根据不同淡煤粉气流百分比下气固两相流动特性试验研究结果，综合考虑火焰稳定性、飞灰可燃物含量、NO$_x$ 排放量和壁面结渣等因素，最佳淡煤粉气流百分比推荐选取 15% 左右。

二、炉内燃烧优化

根据研究成果的分析，淡煤粉气流挡板的开度分别为 40% 和 100% 工况下。综合炉

81

膛温度分布、温度峰值位置、NO$_x$ 排放量和飞灰可燃物，建议淡煤粉气流挡板的开度宜选择 100％。

根据不同 E 层二次风挡板开度下炉内燃烧优化试验研究结果，对于 E 层二次风挡板开度变化的工况，综合炉膛温度分布、温度峰值位置、NO$_x$ 排放量和飞灰可燃物，根据 E 层二次风挡板开度为 0、30％和 100％时对炉内煤粉燃烧特性的比较，开度最好设为 30％。

根据不同消旋叶片位置下炉内燃烧优化试验研究结果，消旋叶片提升后，炉内烟气温度上升，但烟气温度分布变得更为不合理。与叶片在喷嘴处时比较，下炉膛温度更低，上炉膛温度却有所提高。此外，消旋叶片提升不利于低氮燃烧，但将使煤粉燃烧更充分，CO 和飞灰可燃物含量降低。

根据油二次风对炉内燃烧影响试验研究结果，C 层风门打开时，不会阻碍浓煤粉气流的燃烧，F 层气流区域的燃烧更加强烈。NO$_x$ 浓度有一定上升，但 CO 及飞灰可燃物含量降低。

第二节　燃烧配风技术

本节以 FW 型 W 火焰炉为对象，介绍几种常见的 W 火焰炉燃烧配风技术及其应用案例。

一、二次风下倾技术

1. 技术原理

FW 型 W 火焰炉大部分风量集中在拱下，沿水平方向喷入炉膛。锅炉运行状态下，浓煤粉气流始终无法穿透 F 层气流区，造成煤粉颗粒在炉内停留时间偏短，燃尽率降低，飞灰可燃物含量升高。采用 F 层二次风下倾装置，使 F 层二次风向下倾斜一定角度喷入炉膛，见图 8-1。由于 D、E 层二次风较小，F 层二次风占二次风比例很大，F 层二

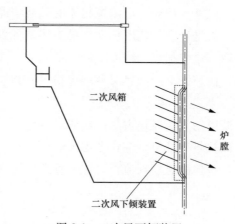

图 8-1　二次风下倾装置

次风对拱下气流流动影响很大，F层二次风下倾技术又简称为二次风下倾技术。采用二次风下倾技术的FW型W火焰炉见图8-2。

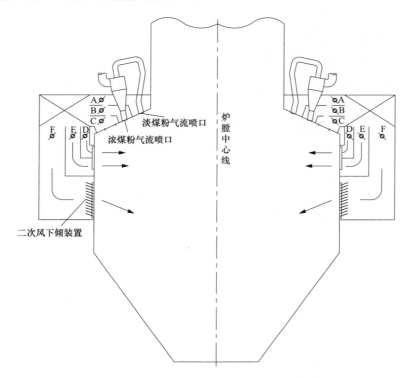

图8-2 采用二次风下倾技术的FW型W火焰炉

2. 应用案例

（1）某电厂300MW机组应用案例。应用二次风下倾技术对某电厂一台300MW机组FW型W火焰炉进行改造，拱下二次风箱内安装二次风下倾装置，F层二次风下倾角度为25°。改造前后试验时锅炉的运行参数见表8-1。

表8-1   二次风下倾改造前后锅炉运行参数

参数	二次风水平	二次风下倾
总一次风量（m³/h）	132039	141000
一次风温（℃）	105	105
总二次风量（m³/h）	565630	587015
二次风温（℃）	320	320
炉膛出口氧量（干烟气%）	2.82	2.72
尾部烟道氧量（干烟气%）	4.17	3.01
尾部烟道CO（干烟气%）	13.75	15.7
尾部烟道NO$_x$（mg/m³，6%O$_2$折算）	2101	1926
飞灰可燃物含量（%）	7.84	4.91
锅炉热效率（%）	91.08	93.25

通过试验能够表明：锅炉采用二次风下倾技术后，一次风煤粉气流着火提前，炉内火焰中心由燃尽区下移至燃烧区，飞灰可燃物含量下降，NO_x 排放量基本不变。

（2）某电厂 660MW 机组应用案例。应用二次风下倾技术对某电厂一台 600MW 机组 FW 型 W 火焰炉进行改造。改造前后试验均使用无烟煤和贫煤的混煤，改前无烟煤比例约为 37%，改后比例约为 47%，平均煤质见表 8-2，其他运行参数见表 8-3。两工况均在额定负荷 660MW 下进行。

表 8-2　　　　　　　　　　二次风下倾前后试验煤种分析

煤质分析		改造之前	改造之后
工业分析（%）	V_{daf}	10.72	9.20
	A_{ar}	30.84	32.74
	M_t	0.54	0.83
	FC_{ar}	57.90	57.23
	$Q_{net,ar}$（MJ/kg）	23.53	22.71
元素分析（%）	C_{ar}	59.70	58.98
	H_{ar}	2.95	2.48
	$S_{t,ar}$	1.34	0.73
	N_{ar}	0.82	0.82
	O_{ar}	3.81	3.42

表 8-3　　　　　　　　二次风下倾改造前后 660MW 机组锅炉运行参数

参数	二次风水平	二次风下倾
总一次风量（m^3/h）	335220	348028
一次风温（℃）	130	125
总二次风量（m^3/h）	1772158	1726218
二次风温（℃）	398	400
尾部排烟氧量（%）	4.76	4.09
尾部排烟 NO_x 含量（mg/m^3，6%O_2）	1937	2594
排烟温度（℃）	136	124
飞灰可燃物含量（%）	9.55	3.82
锅炉效率（%）	84.54	92.17

与水平 F 层二次风工况相比，F 层二次风下倾进入炉膛使得燃烧器区域的烟气温度明显升高，一次风煤粉气流着火提前。通过冷态试验可知，下倾的 F 层二次风对一次风煤粉气流起到引射携带作用，一次风煤粉气流达到 F 层位置后被带到炉膛的更深处，煤粉在下炉膛的停留时间明显延长。而且冷灰斗中的回流区减小，在下炉膛供煤粉燃烧空间增大，这些因素都有利于下炉膛煤粉更加充分地燃烧，使下炉膛温度较高，促使燃烧器区域一次风粉着火提前。

F 层测得的烟气温度为 1330℃，也明显高于改前测得的最高烟气温度。这是由于 F 层二次风下倾使得一次风向下喷射得更远，煤粉在下炉膛停留时间变长，下炉膛烟气温度升高。高温烟气回流至浓煤粉气流喷口处从而使煤粉着火提前。上炉膛下部的温度由 1260℃ 骤降至 1180℃，再往上温度也都低于改前。下炉膛温度的上升和上炉膛温度的下降说明炉内火焰中心下移，利于燃尽。

二、高效燃烧技术

1. 技术原理

高效燃烧技术主要为：在拱下布置二次风倾斜装置的基础上，使淡煤粉气流后置。在靠近炉膛中心高温区域布置浓煤粉气流，浓煤粉气流与水冷壁之间布置二次风喷口，在靠近前后墙水冷壁位置布置淡煤粉气流，可将淡煤粉气流管道改从油二次风喷口通入炉膛。采用高效燃烧技术的 FW 型 W 火焰炉见图 8-3。

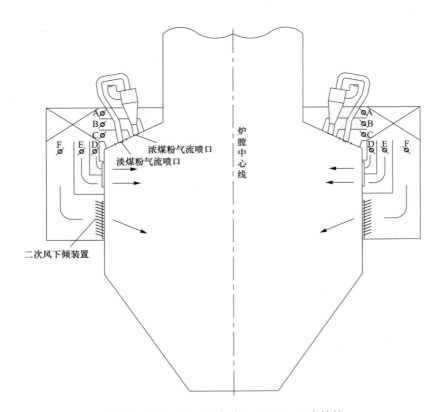

图 8-3　采用高效燃烧技术的 FW 型 W 火焰炉

2. 应用案例

应用高效燃烧技术对某电厂一台 660MW FW 型 W 火焰炉进行改造，炉膛各测点位置见图 8-4。

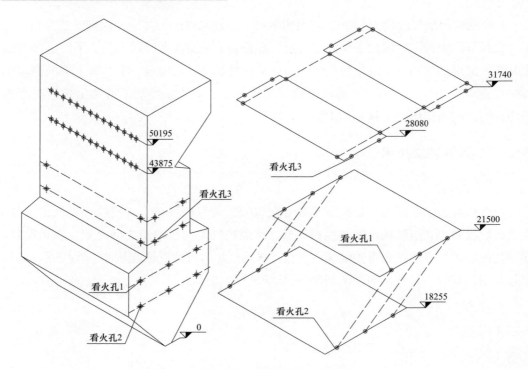

图 8-4 660MW 机组锅炉炉膛（单位：mm）

改造前后机组燃用煤种为无烟煤和贫煤的混煤，无烟煤比例约为 47％。共进行四个工况，淡煤粉气流挡板开度分别为 0、20％、30％、40％，均在额定负荷 660MW 下进行，见表 8-4，运行参数见表 8-5。

表 8-4   不同淡煤粉气流挡板煤质分析

煤质分析	淡煤粉气流挡板开度（%）			
	0	20	30	40
元素分析（%）				
C_{ar}	59.48	59.48	59.68	62.12
H_{ar}	2.39	2.52	2.77	2.42
O_{ar}	2.67	3.53	3.42	3.29
N_{ar}	0.82	0.83	0.84	0.83
$S_{t,ar}$	1.18	0.79	0.74	0.95
工业分析（%）				
M_t	1.99	2.48	2.19	2.58
V_{daf}	9.17	9.29	9.36	9.03
A_{ar}	32.22	31.51	31.50	29.00
FC_{ar}	56.62	56.72	56.95	59.39
$Q_{net,ar}$	21.05	21.25	21.12	22.07

表 8-5　　　　　　　　不同淡煤粉气流挡板开度下 660MW 机组锅炉运行参数

参数	不同淡煤粉气流挡板开度			
	0	20%	30%	40%
总一次风量（m³/h）	340789	328817	335777	321856
一次风温（℃）	128	124	125	129
总二次风量（kg/s）	433.0	426.4	433.7	428.2
二次风温（℃）	405	405	400	398
浓煤粉气流参数				
流速（m/s）	38.3	32.5	29.8	25.5
给煤量（kg/s）	1.04	0.97	0.97	0.91
煤粉浓度（kg/kg）	0.62	0.67	0.73	0.81
淡煤粉气流参数				
流速（m/s）	0.22	7.23	13.25	18.37
给煤量（kg/s）	0.003	0.08	0.13	0.16
煤粉浓度（kg/kg）	0.27	0.22	0.18	0.17
省煤器出口氧量（%）	2.43	2.58	2.48	2.53
尾部排烟氧量（%）	4.02	3.99	4.09	4.12
尾部排烟 NO_x 含量（mg/m³，6%O_2）	2594	2448	1972	1895
飞灰可燃物含量（%）	6.82	2.43	3.52	5.83
锅炉热效率（%）	91.22	93.66	93.07	92.03

当淡煤粉气流挡板开度由 0 增加到 20% 时，随着煤粉浓度的提高，煤粉气流着火提前，有利于稳燃。当开度继续增加时，温升速率开始下降。原因是浓煤粉气流的速度随着淡煤粉气流挡板开度的增大而下降，导致煤粉在下炉膛穿透深度变浅。煤粉停留时间变短使燃烧器区域总体温度下降，浓煤粉气流不能由炉膛中心回流的烟气中获得足够多的热量，着火推迟。在实际试验中还发现，当挡板进一步开大时，炉内火焰开始不稳，这也是因为煤粉气流速度进一步缩小，着火进一步推迟引起的。

当开度为 0 和 40% 时，温度升高很快，迅速达到 1250℃，其原因归结为浓煤粉气流着火推迟，导致大部分煤粉在上炉膛燃烧。因此，开度为 20% 和 30% 时为最好的燃烧条件，此时大部分燃烧过程发生在下炉膛，有助于燃料的燃尽。

因此，综合考虑火焰稳定性、飞灰可燃物含量、锅炉热效率以及 NO_x 排放，30% 为淡煤粉气流挡板的最佳开度。

三、燃尽风布置在上炉膛的低 NO_x 燃烧技术

1. 技术原理

燃尽风布置在上炉膛的低 NO_x 燃烧技术主要是指在拱下布置二次风倾斜装置、淡煤粉气流后置的基础上，采用防止侧墙及翼墙水冷壁结渣的局部通风装置，并在上炉膛二次风箱上部布置燃尽风装置。

将侧墙或翼墙上的水冷壁管由原来的大管换成小管，并打掉相邻水冷壁管间的鳍片，形成贴壁风口，部分二次风通过贴壁风口喷入炉膛，见图 8-5（a）。燃尽风装置采

全混合燃尽风喷口见图 8-5，分为内外两个风道，内风道为直流喷口，外风道为旋流喷口。外风道内装有旋流叶片，从上部二次风箱引出一定量的空气通过全混合燃尽风喷口进入炉膛。

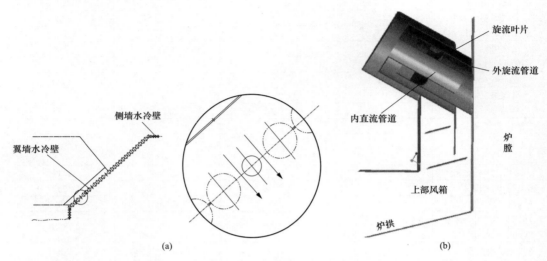

图 8-5　全混合燃尽风装置和局部通风装置

(a) 全混合燃尽风；(b) 局部通风

采用燃尽风布置在上炉膛的低 NO_x 燃烧技术的 FW 型 W 火焰炉见图 8-6。

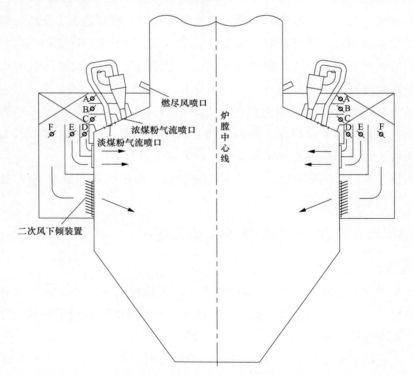

图 8-6　采用燃尽风布置在上炉膛的低 NO_x 燃烧技术的 FW 型 W 火焰炉

2. 应用案例

应用燃尽风布置在上炉膛的低 NO_x 燃烧技术对某电厂一台 300MW FW 型 W 火焰炉改造。试验燃用煤质分析结果见表 8-6，锅炉运行参数见表 8-7。

表 8-6　　　　　　　　　　不同燃烧系统结构试验燃用煤质分析

煤质分析	燃烧系统结构		
	改前	二次风下倾技术	燃尽风布置在上炉膛的低 NO_x 燃烧技术
元素分析（%）			
C_{ad}	63.65	64.76	66.58
H_{ad}	2.36	2.83	2.63
O_{ad}	1.58	3.54	2.85
N_{ad}	0.86	1.06	0.98
$S_{t,ad}$	1.45	1.35	1.42
工业分析（%）			
M_t	0.7	0.42	1.88
V_{ar}	8.17	9.22	8.02
A_{ar}	29.4	25.81	23.66
FC_{ar}	61.73	64.55	66.44
$Q_{net,ar}$（MJ/kg）	23.39	22.43	23.2

表 8-7　　　　　　　　300MW 机组锅炉不同燃烧系统结构运行参数

参数	燃烧系统结构		
	改前	二次风下倾技术	燃尽风布置在上炉膛的低 NO_x 燃烧技术
总一次风量（$10^4 m^3/h$）	13.2	14.1	15.2
一次风温（℃）	105	105	105
总二次风量（$10^4 m^3/h$）	56.6	58.7	55.4
OFA 风率	0	0	0.25
下炉膛空气过量系数	1.03	1.02	0.77
二次风温（℃）	320	320	320
省煤器出口氧量（%）	2.82	2.72	2.69
尾部烟气氧量（%）	4.17	3.01	3.47
尾部烟气 CO（$\times 10^{-6}$）	14	16	27
尾部烟气 NO_x 含量（mg/m³6%O_2 折算）	2101	1926	1057
飞灰可燃物含量（%）	7.84	4.91	7.54
T 锅炉热效率（%）	91.08	93.25	91.70

锅炉应用燃尽风布置在上炉膛的低 NO_x 燃烧技术后，炉内温度分布更加合理，温度峰值的位置由改前锅炉的上炉膛移至下炉膛。与改前锅炉相比，锅炉 NO_x 排放量可下降 50% 左右，但飞灰可燃物含量较高，翼墙水冷壁区域结渣程度减轻。NO_x 排放量

由改前的 2101mg/m^3 降至 1057mg/m^3（$6\%\text{O}_2$ 折算），降低了 50%。长期运行表明，飞灰可燃物含量高，有时高达 15%。

四、燃尽风布置在拱上的低 NO_x 燃烧技术

1. 技术原理

燃尽风布置在上炉膛的 FW 型 W 火焰炉 NO_x 排放量低，但燃尽风量稍微高于较佳值，飞灰可燃物含量迅速升高，不易控制。与燃尽风布置在上炉膛相比，燃尽风布置在拱上靠近喉口处距屏底距离更远，未燃尽煤粉在上炉膛的燃尽距离更长，利于煤粉燃尽。与燃尽风布置在上炉膛的低 NO_x 燃烧技术不同的是，该技术将燃尽风装置布置在炉拱靠近喉口位置。在炉拱靠近喉口位置布置直流燃尽风喷口，与浓煤粉气流喷口一一对应，燃尽风以一定角度下倾进入炉膛。

采用燃尽风布置在拱上的低 NO_x 燃烧技术的 FW 型 W 火焰炉见图 8-7。

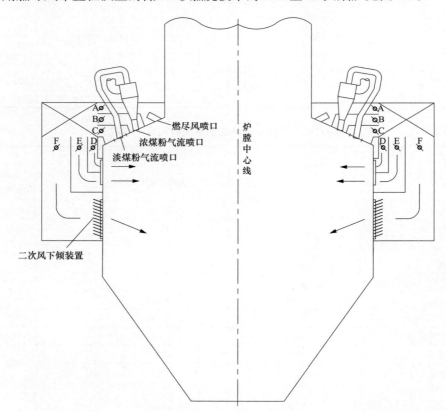

图 8-7　采用燃尽风布置在拱上的低 NO_x 燃烧技术的 FW 型 W 火焰炉

2. 应用案例

应用燃尽风布置在拱上的低 NO_x 燃烧技术对某电厂一台 660MW FW 型 W 火焰炉改造。锅炉的设计煤质见表 8-8。

表8-8 锅炉设计煤质分析

元素分析（ar,%）					工业分析（ar,%）			$Q_{net,ar}$ (kJ/kg)
C	H	O	N	S	V	A	M	
64.21	2.15	4.45	0.94	0.52	9.58	21.18	6.55	23526

不同燃尽风入射角度下炉膛出口数值计算结果见表8-9。

表8-9 不同OFA入射角度下660MW机组锅炉炉膛出口参数数值计算结果

OFA入射角度（°）	烟气温度（K）	O_2浓度（%）	飞灰可燃物含量（%）	NO_x排放量（$\times 10^{-6}$）
15	1228	2.55	6.37	705 (1175)*
20	1249	2.41	6.18	679 (1123)*
25	1225	2.52	6.40	682 (1135)*
30	1207	2.68	6.68	710 (1192)*

* 括号内为折算值，单位为 mg/m^3（$O_2=6\%$）。

设置5个计算工况，在OFA入射角度为20°、风速为30m/s下，分别取OFA风率为0、10%、15%、20%和25%，各工况的计算参数见表8-10。

表8-10 不同OFA风率下660MW机组锅炉数值计算参数

项目	风速（m/s）					风温（K）	给煤量（kg/s）
	OFA 0%	OFA 10%	OFA 15%	OFA 20%	OFA 25%		
浓煤粉气流	31.58	31.58	31.58	31.58	31.58	407	60.9
淡煤粉气流	5.84	5.84	5.84	5.84	5.84	407	1.88
B层二次风	18.9	16.5	15.3	14.1	12.9	688	—
E层二次风	2	2	2	2	2	688	—
F层二次风	18.9	16.5	15.3	14.1	12.9	688	—
OFA	0	15	22.5	30	37.5	688	—

综合考虑 NO_x 排放量和飞灰可燃物含量，认为OFA风率为20%最佳。

五、浓煤粉气流、二次风间隔布置的低 NO_x 燃烧技术

1. 技术原理

在浓煤粉气流、二次风间隔布置的低 NO_x 燃烧技术中，一次风粉浓淡分离采用分离式煤粉调节器，煤粉调节器内部装有轴向旋流叶片。一次风煤粉气流进入煤粉调节器，在叶片旋转产生的离心力作用下，大量煤粉颗粒被甩向壁面，形成近壁面的浓煤粉气流和中心部位含粉较少的淡煤粉气流（又称为"乏气"），实现浓淡分离。装在煤粉调节器下部中心的乏气管将含粉较少的乏气引出，通过布置在下炉膛前、后墙的乏气喷口下倾喷入炉膛，浓煤粉气流经过浓煤粉气流管进入燃烧器。燃烧器由浓煤粉气流管以及与其同轴布置的中心风管构成（见图8-8），浓煤粉气流和中心风均以直流的形式分别通

过浓煤粉气流管和中心风管进入炉膛。燃烧器在拱上沿炉膛宽度方向呈"一字型"分布（见图 8-9 中 P 向视图），浓煤粉气流喷口设置稳焰齿和中心翻边扩锥。每根一次风煤粉管仅对应一个分离式煤粉调节器和一个煤粉燃烧器喷口。拱上二次风分为浓煤粉气流喷口周界风 B、二次风 A 和油二次风 C，拱上二次风约占二次风总量的 40%。二次风 A 提供煤粉着火阶段所需风量，浓煤粉气流喷口周界风 B 和油二次风 C 分别用来冷却燃烧器喷口和提供油枪的点火、燃烧所需风量。保留原 A、B、C 风门挡板，依次控制二次风 A、浓煤粉气流喷口周界风 B、油二次风 C 的风量。拱上浓煤粉气流和二次风沿炉膛宽度方向间隔布置，具体布置方式见图 8-9 中 P 向视图。

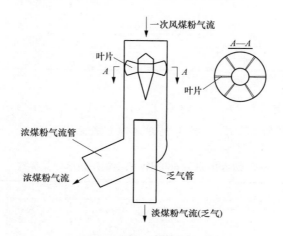

图 8-8　分离式煤粉调节器

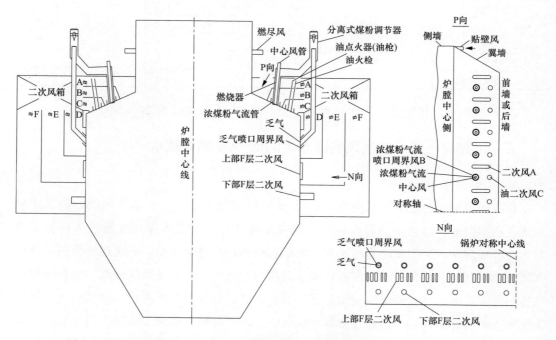

图 8-9　采用浓煤粉气流、二次风间隔布置的低 NO_x 燃烧技术的 FW 型 W 火焰炉

拱下二次风分为乏气喷口周界风、上部F层二次风和下部F层二次风（布置方式见图8-9中N向视图），取消原有的D、E层二次风，拱下二次风约占二次风总量的24%。保留原D、E、F风门挡板，依次控制乏气喷口周界风、上部F层二次风、下部F层二次风的风量。风率和风速参数见表8-11。

表8-11　　　　采用浓煤粉气流、二次风间隔布置的低 NO_x 燃烧技术的
300MW 机组锅炉风率和风速参数

项目		风率（%）	风速（m/s）
一次风		21	25
拱上二次风		32.4	45
拱下二次风		18.6	35
燃尽风	直流风	25	50
	旋流风		35
其他		3	

在上炉膛二次风箱上部布置燃尽风装置（见图8-9），采用内直流外旋流形式。燃尽风从总二次风道引出，通过连接风道引至燃尽风风箱，由两股独立的气流分别通过内部直流风通道和外部旋流风通道进入炉膛。燃尽风装置旋流风旋向采用左旋、右旋间隔布置方式，具体见图8-10。

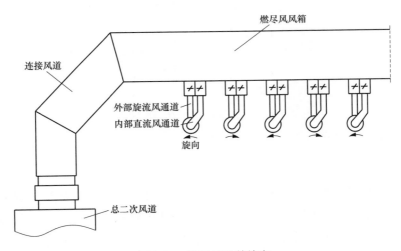

图8-10　燃尽风及其旋向

炉膛翼墙水冷壁上布置翼墙风，用来防止翼墙结渣。在翼墙水冷壁高度方向，沿不同的标高切割水冷壁管之间的扁钢形成多排小风口，二次风以较低的速度喷入炉膛，在水冷壁壁面形成氧化性气氛。翼墙水冷壁沿高度方向拉开两根水冷壁管形成较大风口（见图8-11），形成隔断风，并通过控制入口挡板来调节风量的大小。

炉膛每角翼墙上拉开水冷壁管布置两层贴壁风喷口，贴壁风沿着平行侧墙的方向进入炉膛（见图8-12、图8-9中P向视图），从而防止侧墙结渣。

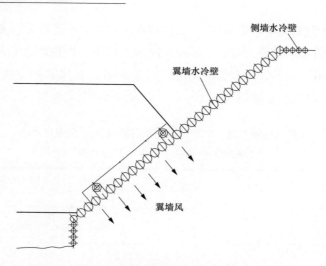

图 8-11　防止翼墙结渣的翼墙风

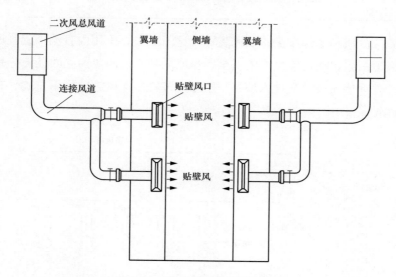

图 8-12　防止侧墙结渣的贴壁风

采用浓煤粉气流、二次风间隔布置的低 NO_x 燃烧技术的 FW 型 W 火焰炉见图 8-9。

浓煤粉气流、二次风间隔布置的低 NO_x 燃烧技术原理如下：

（1）稳燃原理。燃烧器浓煤粉气流喷口增设稳焰齿和中心翻边扩锥，炉内高温烟气从煤粉气流中心回流至喷口根部；同时，合理的"W"形火焰使炉膛中心的高温烟气回流至喷口煤粉气流外侧。两方面的共同作用使煤粉和高温烟气充分混合，迅速加热煤粉，为煤粉的着火提供大量的热量，保证了煤粉气流及时着火和稳定燃烧。

乏气下倾布置于前后墙，浓煤粉气流直接面对炉膛中心，大量卷吸回流高温烟气，达到及时着火和稳定燃烧的目的。

下部 F 层二次风喷口可调节风向，气流下倾喷入炉膛时，炉内火焰中心下移，下炉膛烟气温度升高，煤粉气流通过辐射和对流获得热量的环境改善，有利于及时着火和稳燃。

（2）煤粉燃尽原理。燃烧器煤粉喷口数量变为原来的 1/2，均为直流形式，单个煤粉喷口刚性大、速度高，可在合理的一次风速范围内，增加一次风煤粉气流的下冲深度和射流穿透距离，延长火焰行程，增加煤粉颗粒在下炉膛内的停留时间，利于煤粉燃尽。

大部分二次风从拱上喷入炉膛，引射一次风气流向下，火焰下冲动量大、行程长。下部 F 层二次风下倾喷入炉膛，避免二次风过早与一次风射流汇合，使煤粉气流进一步深入到炉膛底部，延长煤粉颗粒在下炉膛内的停留时间，利于燃尽。

燃尽风喷口采用为内直流外旋流形式。内层直流能保证部分燃尽风射流有足够的刚性深入到炉膛中部，与那里的烟气和煤粉颗粒混合。外层旋流能保证部分燃尽风射流出喷口后迅速扩散，与相邻两燃尽风喷口间的烟气和煤粉颗粒混合。因此，燃尽风和上炉膛的烟气能充分混合，保证了后期燃尽，较其他炉型一般燃尽风喷口装置燃烧效率有所提高。

（3）低 NO_x 燃烧原理。部分二次风由拱上的燃尽风装置喷入炉膛，分级配风合理，使拱下主燃区空气量低于理论当量值，主燃区处于还原性气氛中，NO_x 被还原性成 N_2，从而降低 NO_x 的生成量。

（4）防结渣原理。沿翼墙水冷壁高度方向布置翼墙风，在水冷壁壁面形成氧化性气氛。炉膛四角翼墙水冷壁上布置贴壁风，四角燃烧器投运后，贴壁风可提高侧墙易结焦区域的壁面含氧量，使该区域处于氧化性气氛，提高未燃尽煤粉颗粒的灰熔点。同时，在翼墙水冷壁附近形成的空气膜减少了冲击翼墙水冷壁附近的煤粉量，控制了煤粉在水冷壁附近的燃烧，有利于降低翼墙水冷壁附近的温度，达到了防止结渣的目的。贴壁风和翼墙风共同作用，在侧墙区域形成风幕，防止炉膛中部燃烧区域的高温烟气携带未燃尽煤粉冲刷侧墙水冷壁。

2. 应用案例

某电厂一台 300MW 机组 FW 型 W 火焰炉应用浓煤粉气流、二次风间隔布置的低 NO_x 燃烧技术改造后，燃用收到基低位发热量为 20073～25091kJ/kg 的无烟煤时，省煤器出口 NO_x 排放浓度由改前的 1200mg/m³ 降低为 800mg/m³，飞灰可燃物含量为 6.5%～10%。

第三节 数值仿真技术

数值仿真技术是 W 火焰炉锅炉本体和烟道的设计、技术诊断及技改分析时的有力工具。数值仿真软件中以 FLUENT 软件最具代表性。本节将对基于 FLUENT 软件的数值仿真方法进行简要介绍，并以越南永新电厂一期项目为例，对数值模拟技术在 W 火焰炉可靠性分析方面的应用进行介绍。

一、模型软件简介

FLUENT 软件是目前国际上比较流行的 CFD 软件，它是由美国 FLUENT 公司在

1983 年推出，继 PHOENICS 软件之后投放市场的基于有限容积法的 CFD 软件。目前，FLUENT 在国防、航空航天、机器制造、汽车、船泊、兵器、电子、铁道、石油天然气、材料工程等方面都有着广泛的应用，能够解决流动、传热、化学反应、燃烧、多相流、涡旋流动等问题。在锅炉行业主要用来解决专业领域内的流动、传热、相变、多相流动、燃烧化学反应等问题。

FLUENT 软件程序包括以下几个部分：①Workbench。用于建立几何结构与网格的生成。②FLUENT。用于进行流动模拟计算的求解器。③prePDF。用于模拟 PDF 燃烧过程。④Tgrid。用于从现有的边界网格生成体网格。⑤Filters（Translators）。转换其他程序生成的网格，用于 FLUENT 计算。

可以接口的程序包括 ANSYS、I-DEAS、NASTRAV、PATRAN 等。就模块构成而言，FLUENT 可以分为三部分，即前处理模块、解算模块和后处理模块。

对于气相湍流模型，FLUENT 软件提供了一系列比较完整的模型，可供不同要求的问题选择。包括 Spalart-Allmaras 模型、标准 k-ε 模型、RNG k-ε 模型、Realizable k-ε 模型、k-ω 模型、SST k-ω 模型、完全雷诺应力模型（RSM）和大涡模型（LES）的亚网格尺度模型。

对于辐射换热模型，包括 DTRM、P-1、Rosseland、DO 辐射模型，还有用 WSGG 模型来模拟吸收系数。

对于多相流，FLUENT 采用拉格朗日法来模拟连续相中的离散相，其计算离散颗粒的轨迹以及对颗粒的热量和质量传输，并且这些量在接下来的气相计算中都可用。

进行炉内空气动力场计算时选用的气相湍流模型为可实现的 k-ε 模型（Realizable k-ε model）。由于周界风气流流动形式比较简单，所以在进行周界风数值模拟计算时选用的是标准的 k-ε 模型（Standard k-ε model）。

二、应用案例

1. 模型设置

该案例模拟越南永新电厂一期二次风风道内流场分布，重点考察各二次风、燃尽风喷口流量分布。模拟区域从空气预热器出口到二次风喷口和燃尽风喷口。Autocad 示意图见图 8-13。

依据设计图纸，采用 Workbench 软件完成三维建模。下二次风分两层，分别为 D 层和 F 层。D 层为 6 个二次风喷口，F 层为 6 个二次风喷口，D 层较 E 层喷口小。前后墙燃尽风各 6.5 个喷口。为在保证计算精度和准确性的前提下，提高计算效率，对结构简化如下：①对燃尽风喷口进行简化，采用方形喷口替代圆形喷口。②对二次风喷口进行简化，采用等面积法，对二次风喷口合并。③因整体结构对称，仅模拟 1/2 风道。三维建模示意图如图 8-14 所示。

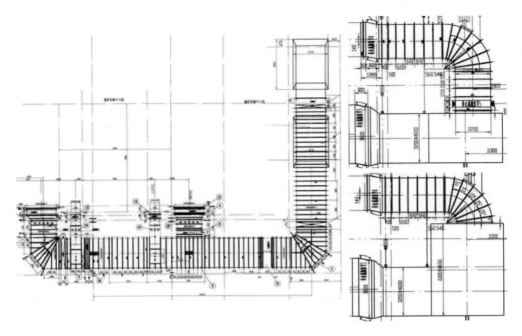

图 8-13　二次风道俯视、侧视图

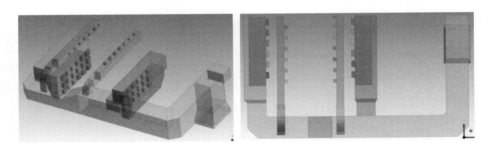

图 8-14　三维建模示意图

根据热力计算，该报告模拟 3 个工况，分别为 BMCR、100％负荷、50％负荷。模型中所采用的边界条件如表 8-12 所示。

表 8-12　　　　　　　　　　　模型采用的边界条件

项目	单位	BMCR	100％负荷	50％负荷
空气预热器出口二次风量	kg/h	1936500	1815100	1058200
	kg/s	537.92	504.19	293.94
模型入口（1/2 总风量）	kg/s	268.96	252.10	146.97
二次风温	℃	360	355	320
	K	633.15	628.15	593.15

2. 仿真计算

仿真计算结果汇总见表 8-13。

表 8-13 数值模拟计算结果汇总

工况	BMCR	100%负荷	50%负荷
二次风设计总风量（kg/s）	268.96	252.10	146.97
二次风计算总风量（kg/s）	268.95	252.10	146.97
计算误差（%）	0	0	0
二次风温（℃）	360.00	360.00	360.00
总下二次风与燃尽风风量统计			
下二次风风量（kg/s）	232.06	217.60	126.91
D 层风量（kg/s）	60.86	57.00	33.17
D 喷口平均风量（kg/s）	5.07	4.75	2.76
F 层风量（kg/s）	171.21	160.60	94.00
F 喷口平均风量（kg/s）	14.27	13.38	7.83
燃尽风风量（kg/s）	36.89	34.50	20.06
燃尽风喷口平均风量（kg/s）	2.87	2.69	1.56
D 喷口上偏差（%）	183	184	189
D 喷口下偏差（%）	−97.81	−99.23	−95.29
F 喷口上偏差（%）	133	132	133
F 喷口下偏差（%）	−75.25	−75.46	−75.66
燃尽风喷口上偏差（%）	28	28	29
燃尽风喷口下偏差（%）	−42.19	−42.24	−42.34
前墙下二次风对比			
前墙下二次风量（kg/s）	77.59	73.09	42.80
D 层风量（kg/s）	20.15	18.97	10.96
D 层平均风量（kg/s）	3.36	3.16	1.83
F 层风量（kg/s）	57.44	54.12	31.84
F 层平均风量（kg/s）	9.57	9.02	5.31
D 层喷口上偏差（%）	32	35	40
D 层喷口下偏差（%）	−29.47	−31.82	−41.93
F 层喷口上偏差（%）	43	44	44
F 层喷口下偏差（%）	−44.43	−44.90	−46.95
后墙下二次风对比			
后墙下二次风量（kg/s）	154.47	144.51	84.11
D 层风量（kg/s）	40.70	38.03	21.95
D 层平均风量（kg/s）	6.78	6.34	3.66
F 层风量（kg/s）	113.77	106.48	62.16
F 层平均风量（kg/s）	18.96	17.75	10.36
D 层喷口上偏差（%）	1.12	1.13	1.19
D 层喷口下偏差（%）	−98.36	−99.43	−96.44
F 层喷口上偏差（%）	75	75	76
F 层喷口下偏差（%）	−81.38	−81.49	−81.60
前后墙燃尽风对比			
前墙燃尽风（kg/s）	22.13	20.69	12.06
燃尽风平均风量（kg/s）	3.16	2.96	1.72
上偏差（%）	16	16	17
下偏差（%）	−20.68	−20.65	−20.84
后墙燃尽风（kg/s）	18.12	16.94	9.83
燃尽风平均风量（kg/s）	2.59	2.42	1.40
上偏差（%）	20	20	20
下偏差（%）	−35.79	−35.85	−35.78

在全部 D 层二次风对比中，前墙 D、F 二次风量仅为后墙 D、F 二次风量的 1/2；前墙燃尽风约为后墙燃尽风的 1.2 倍，负荷率对偏差影响不大。

通过对比前后墙各喷口风量，D 二次风各喷口偏差最大，偏差为-99%～189%；燃尽风喷口间偏差最小，偏差处于－42%～29%，负荷率对偏差影响不大。

（1）MCR 工况。MCR 工况下压力分布仿真计算结果见图 8-15 和图 8-16。模型假设喷口处静压为 0Pa，通过计算，二次风大风道入口压力为 217Pa。后墙处的静压高于前墙，同时在弯头处，出现明显的局部阻力损失。

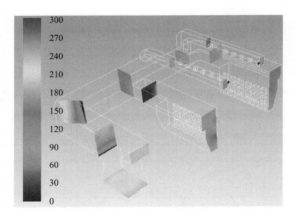

图 8-15　关键截面压力分布（Pa）

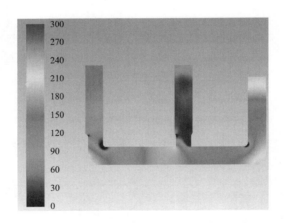

图 8-16　水平横截面内压力分布（Pa）

前墙各喷口速度分布见图 8-17，后墙各喷口速度分布见图 8-18。

（2）100%负荷工况。100%负荷工况下压力分布仿真计算结果见图 8-19 和图 8-20。前墙各喷口速度分布见图 8-21，后墙各喷口速度分布见图 8-22。

（3）50%负荷工况。50%负荷工况下压力分布仿真计算结果见图 8-23 和图 8-24。前墙各喷口速度分布见图 8-25，前墙各喷口速度分布结果见图 8-26。

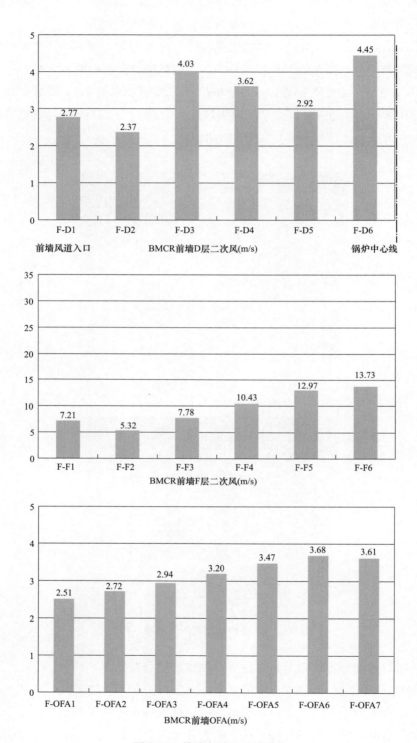

图 8-17　前墙各喷口速度分布

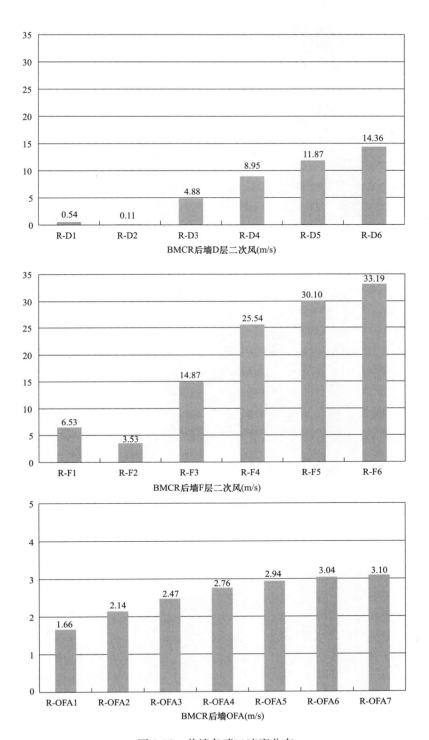

图 8-18　前墙各喷口速度分布

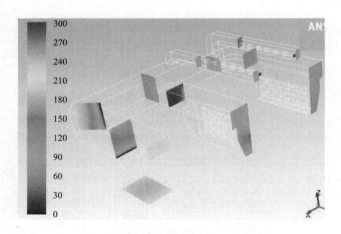

图 8-19　关键截面压力分布（Pa）

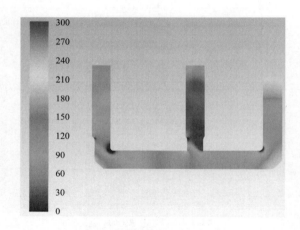

图 8-20　水平横截面内压力分布（Pa）

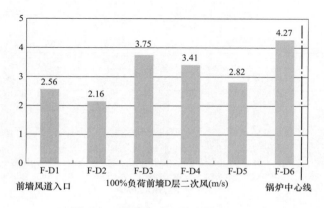

图 8-21　前墙各喷口速度分布（一）

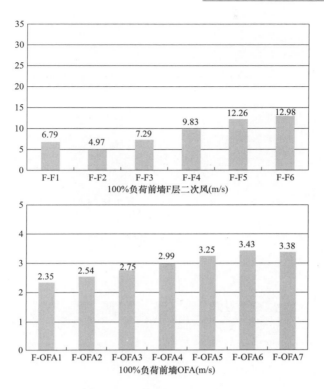

图 8-21　前墙各喷口速度分布（二）

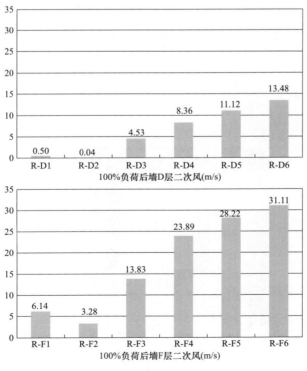

图 8-22　后墙各喷口速度分布（一）

103

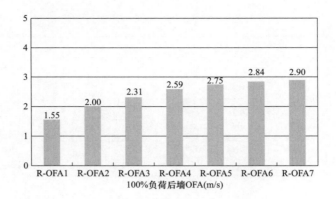

图 8-22　后墙各喷口速度分布（二）

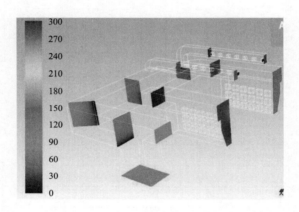

图 8-23　关键截面压力分布（Pa）

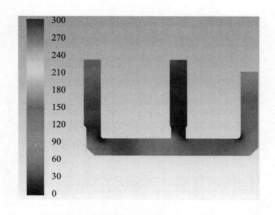

图 8-24　水平横截面内压力分布（Pa）

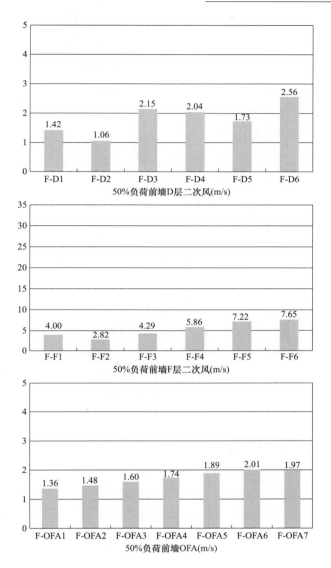

图 8-25　前墙各喷口速度分布

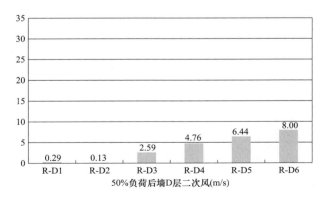

图 8-26　后墙各喷口速度分布（一）

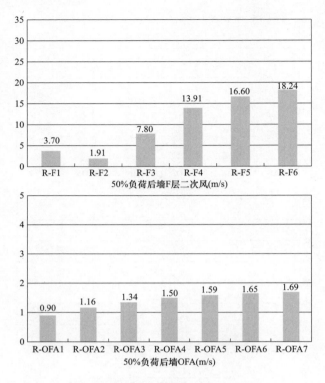

图 8-26 后墙各喷口速度分布（二）

3. 结论

（1）前后墙二次风分布不均，前墙总风量约为后墙二次风量的 1/2。

（2）各喷口风量由前后墙风道向中心，风量成增大趋势。

（3）后墙 D、F 层各喷口间风量分配不均现象严重。

（4）由风量分配不均将导致实际投运炉内温度场分布不均。

（5）建议在投运前开展冷态动力场试验，对各喷口风量进行调平。

（6）建议开展一次风粉管模拟仿真，了解各一次风管粉量分配。

第九章

其他可靠性技术及应用

本章结合越南永新电厂项目，对其他 W 火焰炉可靠性技术及应用进行论述。

一、吹灰系统优化及吹损预防

在调试运行阶段，要重点关注吹灰压力和频率的优化调整。吹灰次数过多，不仅消耗了大量的蒸汽，使总体经济性下降，而且还会吹损受热面，缩短吹灰装置本身的使用寿命。实现按需吹灰，能够有效地减少锅炉各对流受热面的吹灰磨损，并能够有效地降低蒸汽耗损和排烟温度，优化汽水系统参数，降低供电煤耗，提高机组运行的经济性和安全性。

1. 越南永新项目吹灰系统优化

超临界 W 火焰炉实际运行中发现，由于存在吹灰管道疏水时间不足或吹灰蒸汽参数偏低，在机组启动吹灰的初期可能出现吹灰器带水的现象，尤其是冬天环境温度较低时更易发生。因此，对吹灰系统管道进行了优化改进，并在该项目中顺利实施，具体改进措施如下：

（1）首先，对吹灰器结构形式做了改进，由原树杈形式改为母管式。改进后消除了吹灰蒸汽管道流通死角，能有效消除管道中蒸汽冷却造成的积水，从而降低吹灰蒸汽的带水率。图 9-1 所示为改进前的树杈形式管道布置，图 9-2 所示为改进后的母管式管道布置。

（2）其次，在各疏水站增加设置了蒸汽旁路管。在疏水站阀门关闭后，吹灰蒸汽管路中会有少量持续流动的热蒸汽，起到暖管效果，可有效防止管道变冷导致蒸汽冷却产生的冷凝水，从而减轻了吹灰蒸汽带水的情况。

2. 越南永新电厂防磨板优化

超临界 W 火焰炉实际运行中发现，由于目前国内电厂普遍存在煤源不稳定，或者出于降低成本的考虑，实际运行中常常燃用低热值高灰分的劣质无烟煤。因此锅炉燃煤消耗量及烟气量均增大较多，加剧了炉内受热面的磨损。

根据多个项目的设计运行经验，在迎吹灰蒸汽方向的管子表面均布置了防磨板。其长度面积基本覆盖了吹灰蒸汽吹扫力较大的范围，能有效防止近吹灰器侧管子被蒸汽吹损。

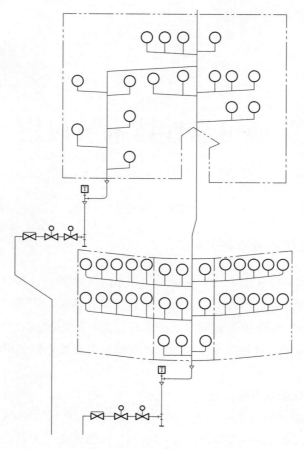

图 9-1 改进前吹灰管路布置图（树杈形式）

　　防磨板的设计，需要考虑既要满足遮盖易被吹损管子的表面，又要考虑受热面的吸热面积，不能安装过多，否则减少了吸热面积会直接影响到工质吸热，最终影响锅炉效率。因此，防磨板不是越多越好，需要根据磨损情况适当考虑，合理布置。

　　尾部竖井的受热面管子被吹灰蒸汽吹损的情况，近年仅有较少的工程反馈出现管子爆管。经调研核实，发现管子被吹灰蒸汽吹损的情况与燃用煤质变化、吹灰器运行方式及吹扫蒸汽质量有较大的关系。首先是煤质变化，很多电厂的实际燃用煤质与设计煤质相比都有不小变化，比如灰分增大、灰熔点降低等，导致积灰结焦情况趋于严重，因此运行中就加多了吹灰器的吹扫班次，吹扫多了，自然会增加管子吹损的可能性。其次，多数出现吹损状况的电厂吹灰器运行频次都很高，在管子表面积灰不大的情况下也使用高频次的吹扫运行方式，也就增加了管子吹损的几率。此外，吹扫蒸汽的参数和质量未满足要求，造成吹扫蒸汽带水的情况较为普遍。而一旦吹灰蒸汽带水，吹损防磨板及管子的情况就大大增多了。因此，解决管子吹损的问题，首先还是应该解决这些运行中的问题。即首先尽量选用满足设计条件的煤质，其次要视积灰情况合理安排吹灰班次，最后需提高吹灰蒸汽的参数和质量，降低蒸汽带水率。

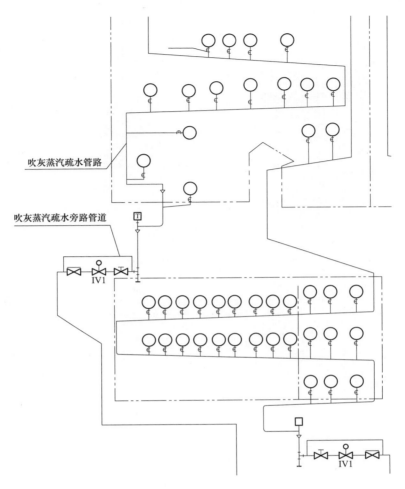

吹灰蒸汽疏水管路

吹灰蒸汽疏水旁路管道

图 9-2　改进后吹灰管路布置图（母管形式）

　　在该项目中对受热面管屏迎吹灰蒸汽的第一排管布置了防磨板，就是考虑了以上的情况。在正常运行情况下，第一排后的管子均不会直接面对吹灰器的蒸汽吹扫，与吹扫蒸汽接触的面积极小。如果吹灰蒸汽质量合格，对下排管子的吹损将是极小的，能够满足锅炉正常运行的需要。除此以外，结合同类型机组的实际运行反馈，对炉内受热面局部的防磨板布置进行了优化改进，并在该项目中顺利实施，具体改进措施如下：

　　（1）后竖井吊挂管防磨板优化。在水平烟道的后竖井吊挂管下方 700mm 的易磨损区域增加了防磨板，见图 9-3。

　　（2）低温再热器管束固定装置管夹中间间隙防磨板优化。在原低温再热器管束的固定装置管夹中间间隙处增加了防磨板，防磨盖板材料为 $16Cr_{20}Ni_{14}Si_2$，厚度为 3mm，安装在低温再热器管夹最上一颗固定销与其下的管子之间，覆盖此处裸露管子表面。此处防磨盖板只一端点焊固定，另一端保证自由滑动，如图 9-4 所示。

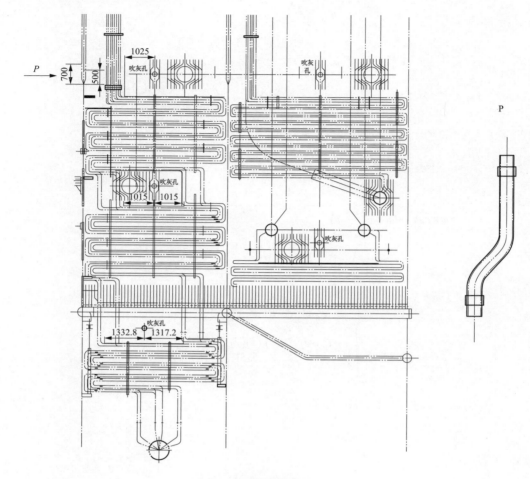

图 9-3　防磨板布置示意图

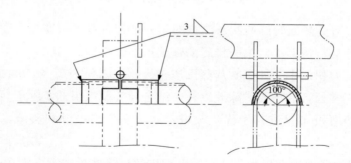

图 9-4　低温再热器管束固定装置管夹中间间隙防磨板优化示意图

二、炉膛及其尾部着火防控

1. 防锅炉炉膛灭火及防爆燃预案

（1）运行锅炉在不投油情况下必须保证有 5 台制粉系统运行，当磨煤机检修、非正常磨组运行方式时要做好事故预想，必要时投油稳燃。

（2）原煤斗煤位必须保证在中间以上煤位，防止磨煤机断煤和棚煤，原煤仓疏松装置投运正常、定期试验。

（3）锅炉的燃油系统必须保证备用状态，油枪手动门开启，炉前燃油压力为 2.0～2.5MPa，油枪的程控系统可靠备用，定期试投油枪。发现问题及时联系处理，保证事故情况下油枪能随时投入使用。

（4）锅炉运行在不投油情况下负荷不得低于安全试验负荷。

（5）正常运行时，一台磨组跳闸或断煤或捞渣机水封破坏，应立即投入两支以上油枪助燃。

（6）单元长、主机监盘人员应在接班后及时了解入炉煤的煤质化验，根据煤质变化及时调整燃烧，在入炉煤煤质变化幅度较大时要做好事故预想。

（7）在锅炉启动点火后应派专人检查着火燃烧情况，发现燃烧不良应及时查明原因处理，投粉时应保证磨组的相邻油枪全部运行正常。如果投粉后煤粉不着火应将磨组停运，充分吹扫炉膛 10min，重新调整油枪及配风后方可再次投粉。

（8）燃油系统快关阀和各油枪供油电磁阀必须保证关闭严密无泄漏，发现异常要分析原因，及时联系处理。锅炉启动前应进行炉前燃油系统的严密性试验。停炉后必须关闭油枪手动门，防止停炉或锅炉灭火后产生爆燃。

（9）运行中锅炉的人孔、检查孔必须关闭严密，冷灰斗水封良好，防止锅炉进入冷风。

（10）锅炉停炉时要注意调整炉膛压力，保证灭火后炉膛不少于 10min 通风清除炉膛内的可燃物，加强燃油系统的检查，防止燃油漏入炉膛发生爆燃。

（11）热工人员应重视锅炉工业电视和火焰监视系统的维护和检查，发现问题及时处理，保证其在锅炉运行中不间断可靠工作。

（12）锅炉全炉膛灭火保护、OFT 保护、炉膛压力高、低保护在检修或停炉后应进行传动试验良好，在运行中加强检查维护，保证其能可靠动作。定期检查并校验炉膛压力变送器，确保其可靠投入运行。负压表管、火检探头应经常检查，防止堵塞和烧坏。

（13）运行中，发现煤质差、燃烧工况恶化，立即投油助燃，注意油枪投入后，总燃料量需保持平稳。

（14）当锅炉热负荷突降、炉膛负压摆动大、燃烧不稳时要根据火焰监视系统和工业电视判断锅炉是否灭火后慎重决定是否投油。在炉膛已经灭火或局部灭火并濒临全部灭火时，严禁投入助燃油枪，防止造成灭火放炮。

（15）在磨煤机启、停过程中应暂停吹灰；当出现燃烧不稳、给煤机断煤等异常情况时应暂停吹灰。

（16）锅炉在投油稳燃煤油混烧期间应派专人检查燃烧情况，发现燃烧不良应及时查明原因处理。

（17）锅炉在运行中如发生主要辅机（如磨煤机、送引风机等）跳闸故障，应及时投油，调整锅炉的风煤比，防止风煤配比不当锅炉灭火。

（18）如运行中发生锅炉MFT，炉膛吹扫后点火，磨煤机必须在对应油枪投入后才能通风。在恢复初期通风量不宜过大，禁止2台磨煤机及以上同时通风。以防大量煤粉喷入炉膛引起爆燃。

（19）锅炉灭火保护和制粉系统控制电源应可靠，防止瞬间失电造成锅炉灭火误动。

（20）运行人员应充分认识到锅炉灭火放炮的危害性，锅炉运行中应认真监视、经常调整，勤调细调，保证锅炉在最佳工况下运行。不论何种原因，一旦发生锅炉灭火应立即打闸停炉，并对锅炉充分吹扫后方可启动。

2. 防锅炉尾部二次燃烧预案

（1）启动初期选择合理的煤粉细度，精心调整燃烧以提高煤粉燃尽率，煤粉细度比正常运行要小一些，以利着火稳燃。

（2）锅炉升负荷初期，由于油、煤混烧，且锅炉热负荷低，易积聚在尾部水平烟道、空气预热器蓄热片及电除尘极板上，积累到一定程度极易造成二次燃烧，所以应尽量避免长时间低负荷运行。

（3）启动时仓泵运行应正常，特别要注意省煤器灰斗的排空，防止未燃尽的煤粉积聚在灰斗中引起自燃。

（4）启动时当炉膛温度达到一定热负荷才可逐支退出助燃油枪，退油枪时注意炉火，发现燃烧不稳必须重新投入，不得随意退出。

（5）燃烧调整做到合理配风，尽量避免缺氧燃烧，防止因长期缺氧运行而使燃烧不完全，造成大量可燃物积存在后部烟道产生自燃。

（6）炉膛负压设定在−100Pa，保证一定的抽吸力，防止未完全燃烧的煤粉在烟道内的沉积，引发尾部烟道二次燃烧。

（7）应保证燃油系统及油枪阀门能开足、关严，燃油时确保油枪雾化、燃烧良好，炉膛内无黑烟、油滴生成，一旦发现油枪燃烧不好应立即停用，并查找原因处理好；油枪退出后，应保证油枪严密不漏。

（8）锅炉启动前，空气预热器吹灰器及吹灰汽源系统已调试完毕，确保吹灰器能够正常投入运行。

（9）点火初期及机组低负荷期间视燃烧情况保持空气预热器用辅汽连续吹灰。机组正常运行时吹灰汽源来自屏式过热器出口集箱蒸汽，吹灰应保证每8h一次。

（10）脱硝喷氨不能过量，要控制好氨逃逸率不过大，防止空气预热器蓄热元件生成氨盐而堵塞。

（11）空气预热器的消防系统和水冲洗系统必须可靠作备用，空气预热器本体有有效的隔离手段，完整的连锁保护、停转保护和火灾报警装置。

（12）空气预热器发生停转、不能及时启动必须进行有效的隔绝，同时快速减负荷到规定值，如挡板隔绝不严或盘车不动应尽快停炉。

（13）空气预热器吹灰及冲洗水、消防水系统上的阀门必须能够关严，以防汽水泄漏，引起预热器受热面内部黏结堵塞。

（14）运行中应严密监视锅炉尾部烟温及空气预热器前后的烟风温度变化，尤其在热备用状态和预热器突然故障停转的情况下，更应密切监视预热器前后的烟气温度变化。

（15）注意空气预热器前后压差变化，如果压差值非正常地增大，则应该检查是否积灰过多，并及时加强吹灰，必要时需停炉冲洗。

（16）为保证空气预热器内部积物的彻底清除，锅炉停炉一周以上应对预热器受热面进行检查，必要时应按有关规定和要求对空气预热器进行冲洗。

（17）机组跳闸后，炉膛必须经过吹扫才能点火，对磨煤机吹扫前必须投入对应油枪，禁止 2 台及以上磨煤机同时吹扫。

（18）锅炉点火前应对锅炉进行不低于 30％额定风量吹扫；锅炉灭火后对锅炉吹扫时间不得低于 5min，否则不准锅炉重新点火。

（19）启动第一台制粉系统前应确认炉膛热负荷已满足，油燃烧器着火良好，否则不准启动。启动制粉系统时，不得强制"点火能量允许"条件。

（20）运行中炉膛灭火，如保护拒动应按紧急停炉处理，严禁投油助燃。

（21）锅炉点火前应对锅炉进行 30％额定风量吹扫；锅炉灭火后必须对锅炉进行不少于 5min 的 30％额定风量吹扫，否则不准锅炉重新点火。

（22）精心调整锅炉制粉系统和燃烧系统运行工况，防止未完全燃烧的油和煤粉存积在尾部受热面或烟道上。

（23）锅炉烧油时，应调节合适的风量、燃油流量，确认油枪雾化良好、燃烧完全。若发现油枪雾化不好应立即停用，并进行清理。

（24）在应用油组进行投粉时，投粉前应确认油燃烧器着火良好，否则不准投粉。

（25）锅炉在油粉混燃期间，应加强对燃油系统及油枪着火情况的检查。

（26）正常运行中，运行人员注意监视省煤器、空气预热器烟道在不同工况下的烟温，发现异常应就地检查，及时发现火情。

（27）空气预热器蒸汽吹灰系统正常投运，吹灰压力和温度在规定值范围内。当机组负荷在 300MW 以下或长时间煤油混烧时，空气预热器应采用连续蒸汽吹灰。

（28）空气预热器着火报警装置可靠投入。

（29）空气预热器出入口烟/风挡板，应能电动投入且挡板能全开、关闭严密。

（30）若发现预热器停转，应立即重新投入运行，若无法重新转动应将其隔离。

（31）锅炉点火后应加强预热器吹灰，25％负荷前及燃油投入时应投连续吹灰，以后至少 8h 吹灰一次，当空气预热器烟侧压差增加应增加吹灰次数。

（32）若锅炉较长时间低负荷燃油或煤油混燃，可根据具体情况利用停炉对空气预热器受热面进行检查，重点是检查中层和下层传热元件；若发现有垢要碱洗。

（33）锅炉停炉 1 周以上时，必须对空气预热器受热面进行检查，若有存挂油垢或积灰堵灰现象，应及时清理并进行通风干燥。

（34）在低负荷煤油混烧期间，脱硝反应器内必须加强吹灰，监控反应器前后阻力及烟气温度，防止反应器内催化剂区域有未燃尽物质燃烧，反应器入口灰斗需要及时排灰，防止沉积。

（35）如果在低负荷燃油、煤油混烧期间电除尘器在投入，电除尘器应降低二次电压电流运行，防止在集尘极和放电极之间燃烧，除灰系统在此期间连续输送。

三、低挥发分无烟煤燃烧优化

1. 二次风风箱配风

二次风配置的合理性是无烟煤燃烧的关键之一。东方锅炉厂 W 火焰炉无烟煤燃烧技术特别注重二次风的配置，它根据无烟煤燃烧发展缓慢的特点，采用独具特色的分级配风方式，最大限度地满足无烟煤着火、稳燃和燃尽的要求。

该项目二次风箱对称布置于前后墙，设计入口风速较低，可以将二次风箱视为一个静压风箱。下部风箱内还布置有均流孔板，这样就可以保证在锅炉燃烧调整试验中将所有燃烧器的配风调平后，在实际锅炉运行中无需调整也可保证同一层风室内每个燃烧器得到相同的风量，利于燃烧器的配风均匀，保证炉膛内火焰均匀，使输入热量沿炉宽方向均匀分布。

分级配风的原则为：拱上只送入适量的二次风，主要满足喷口冷却和燃烧初期需要，避免在着火区过早送入大量二次风，否则会影响到无烟煤的着火和初期的燃烧稳定。煤粉着火后，在拱下适当部位逐级送入燃烧所需的大量二次风，以满足燃尽的要求。

每台锅炉共有 24 只双旋风煤粉燃烧器，燃烧器大风箱也划分为相应的 24 个独立的配风单元，对每个燃烧器的二次风实行单独控制，每个配风单元由上部风箱和下部风箱两部分组成。

（1）上部风箱。上部风箱负责拱上配风。拱上二次风分为三部分，分别由 A、B、C 三个挡板控制。

1）挡板 A。控制燃烧器乏气喷口的冷却风。

2）挡板 B。控制燃烧器煤粉主喷口的周界风，起到调节煤粉气流着火点及冷却喷口的作用。

3）挡板 C。控制点火稳燃油枪燃烧所需的风量，提供油枪、油火检的冷却风；还提供部分煤粉燃烧初期所需要的二次风。

（2）下部风箱。下部风箱负责拱下配风。拱下二次风分为两层，分别由 D、F 两个挡板控制。

1）挡板 D。风量较小；与拱部离开适当距离布置，作为分级送风的调节手段，避免二次风与煤粉气流过早混合。

2）挡板 F。风量大，燃烧所需的主要风量从此挡板处进入，是控制火焰行程和形状的最主要的调节手段。

在锅炉调试过程中，可根据燃烧情况对风门挡板进行调整，达到最佳燃烧状态。燃烧设备调节机构示意图如图 9-5 所示。

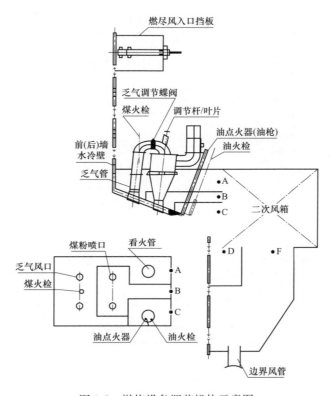

图 9-5 燃烧设备调节机构示意图

2. 低挥发分无烟煤的燃烧优化专题措施

（1）基本目标。

1）提高锅炉燃用无烟煤时燃烧稳定性和经济性，不出现锅炉灭火、爆燃。

2）不出现尾部受热面二次燃烧。

3）提高燃用无烟煤的经济性，使灰渣含碳量不超标，锅炉效率达到设计要求。

（2）技术策划及要求。W 火焰燃烧方式是大容量锅炉燃烧难着火、难燃尽煤种常采用的一种方式。W 火焰炉采用双拱绝热炉膛，能有利地将高温烟气回流至着火区，提高下炉膛的烟气温度水平，使煤粉气流能迅速着火燃烧，解决了燃料的着火问题。同时拱上燃烧器下射式布置，使火焰形成"W"形，增加了火焰行程，延长了煤粉气流在炉膛中的滞留时间，提高锅炉燃烧效率。燃用低挥发分无烟煤 W 火焰锅炉设计最低断油稳燃负荷高（一般不低于 40％BMCR 负荷），低于该负荷需投油助燃，当煤质较差时甚至高负荷下都难以实现断油，以免发生灭火。

根据无烟煤的煤质分析数据，其属于挥发分低、可磨性（HGI＝45）极差的煤种，根据《电站磨煤机及制粉系统选型导则》、《火力发电厂制粉系统设计计算技术规定》等，对于越南无烟煤煤粉细度 R_{90} 宜控制在 5％以下。

在设计、安装试运行阶段的技术措施及要求见表 9-1～表 9-3。

表 9-1　　　　　　　　　　　　　　　　设计阶段技术措施及要求

项目	主要内容	负责单位
燃料堆放管理	煤场来煤根据煤种、燃烧特性、可磨特性分堆堆放	燃运部门
煤粉取样装置	磨煤机分离器出口的四根粉管，至少其中两根装设煤粉取样装置，煤粉取样装置宜采用网格法自动取样型式，取样代表性强，节约人力，为制粉系统优化调整和混煤掺烧提供科学参考	EPC
风速在线装置	在每台磨煤机分离器出口的四根粉管宜设计有防堵型自吹扫风速在线装置	EPC
回粉锁气器	设计上磨煤机回粉管宜配置双回粉锁气器，防止由于一个锁气器关不严，造成气流短路、煤粉变粗。回粉锁气器宜采用可靠性和调节性能更良好的重锤式，不宜采用板式。回粉管的角度符合规程和设计相关要求	EPC
分离器人孔门	设计快关型分离器人孔门，人孔门应采用带蝶形螺母的高强度螺栓，在满足强度要求的前提下，减小螺栓个数以方便定期开关人孔门，检查和清理分离器内杂物	EPC
飞灰取样装置	在空气预热器出口左右烟道处，宜安装飞灰取样装置	EPC

表 9-2　　　　　　　　　　　　　　　　安装阶段技术措施及要求

项目	主要内容	负责单位
热工仪表管路打压	磨煤机料位计安装质量优良，安装完成后对热工仪表管路进行打压查漏，确保料位计和各风量测点指示可靠（现场见证和资料、签证查阅）	安装单位
风门挡板检查	制粉系统内所有风门、挡板均应进入内部或开孔确认其开关是否到位、方向是否正确、动作是否灵活。风门挡板从外部检查不到的地方由安装单位派人配合开孔进行检查	调试单位负责，安装单位配合
风量标定和一次风调平	风量标定和一次风调平，各一次风管阻力均匀，控制同台一次风速偏差不大于±3%	调试单位
一次风系统打压	磨煤机安装完成后，对内部及管道进行清理，并进行打压查漏	安装单位
风压试验	锅炉和烟风系统风压试验，打压查漏	安装单位

表 9-3　　　　　　　　　　　　　　　　试运行阶段技术措施及要求

项目	主要内容	负责单位
除焦剂	准备一定量的除焦剂备用	业主
干煤棚	干煤棚投用，保证入炉煤水分符合要求	EPC
煤质化验	对来煤燃运部门应做好全面的煤质化验工作，提供详细的煤质、来煤量信息，为配煤掺烧提供依据	燃运部门
钢球装载量和配比	按照厂家推荐方式或其他成熟方式优化钢球装载量和配比	EPC

项目	主要内容	负责单位
系统通风量	按照说明书的要求控制系统通风量	调试单位
磨煤机料位	按照要求控制好料位	调试单位
回粉管锁气器	运维人员应严格监视分离器、回粉管锁气器的运行状态，定期清理杂物	运维单位
煤粉细度	对于无烟煤，煤粉细度 R_{90} 应能达到其干燥无灰基挥发分 V_{daf} 数值一半以下（即 $R_{90}\% \leqslant V_{daf}/2$）	调试单位
配风方式调整	进行不同煤种配风方式（炉膛氧量，二次风比例、F 风、C 风、乏气风等）优化调整试验，确定不同煤种的优化运行模式。W 火焰锅炉二次风配风是燃烧稳定性、经济性的关键，也是控制受热面壁温及偏差的关键。根据风箱布置特点，采用"拱形"配风方式，即两边低、中间高的配风	调试单位
燃烧器投入	运行期间注意保证燃烧器均匀投入，使炉膛热负荷沿炉膛宽度方向均匀分布，减小热偏差	调试单位
优化吹灰控制	考虑到燃用煤质灰分高，锅炉积灰严重，吹灰时对炉内燃烧稳定性以及除尘和输灰等辅助系统影响较大，为防止大量垮灰导致锅炉灭火，制订吹灰频次和要求。炉膛及折焰角吹灰期间，应加强监视炉内燃烧情况，燃烧不稳时应立即投油稳燃	调试单位运行单位
FSSS 试验	FSSS 功能试验项目全部合格	调试单位
卫燃带	根据运行参数、炉膛看火、结焦状况等综合分析炉膛卫燃带敷设是否适应当前入炉煤质，在必要的情况下，对卫燃带进行适当的改造	EPC 调试单位
油枪	（1）油枪程控点火正常。 （2）具备快投功能	调试单位

四、W 火焰炉燃料管理

（1）煤场管理应及时掌握入厂、入炉煤质及入厂煤的存储、消耗情况，并对入厂、入炉煤建立完整的台账。

（2）不同煤种应分别堆放，并做好记录，无烟煤与烟煤等高挥发分与低挥发分煤种不可定点堆放，将其均匀撒在各个存放区，以防止其自燃。

（3）定期对不同煤种、不同堆存方式的煤炭测定堆积密度，并进行垛形修整。

（4）容易自燃的煤不宜长期堆放，必须堆放时，应有防止自燃的措施，如层层压实、喷水降温等。要经常检查其坡上温度，当温度升高至 60℃ 时或者自燃，燃料运行部应查明原因，采取相应措施。如刨开高温处，查温度是否有更高的点；自燃时使用斗轮机直接取掉。必要时应开启煤场喷淋装置喷水降温或采取其他降温措施。

（5）取煤应按照"先存先取"的原则，在先存的煤垛未取完之前，不得重新开垛。

（6）煤场存煤时间不得超过 15 天，定期对煤堆进行测温，煤堆温度不超过 60℃。

（7）为便于管理和加仓，烟煤堆放在规定区域，与无烟煤堆放有明显的分界点。

（8）加强对煤场用电设备的检查，防止设备积煤积粉、电线线头裸露、接触不良等情况。

（9）发生自燃后立即报告值长，通知消防队，有关设备停止电源，并调出着火点最近处工业电视进行监控。

（10）对于煤场，在自燃点用机械有效分开，有明火时不得直接用水浇。

（11）分开后用推土机来回翻压，控制明火直至熄灭。

（12）熄灭后用水浇灌再用推土机来回翻压。

（13）沿线着火应根据现场情况，先用石棉布遮盖着火部位，注意不要挑拨着火堆，在安全距离内先用 CO_2 和干粉进行灭火，然后用消防水、煤场喷淋喷洒。

五、无炉水循环泵下的锅炉启动

1. 可行性及风险

从国内带炉水循环泵的启动旁路机组实践情况来看，多个电厂已实施过无炉水泵启动。因此，超临界 W 火焰锅炉进行在技术措施得当的前提下，理论上可以进行无循环泵启动。但由于其需要满足的条件较多，其在进行无循环泵启动时将面临较大的安全风险。可能发生的问题主要包括以下方面：

（1）水冷壁因温差造成膨胀不均而拉裂。

（2）局部水冷壁冷却不足而短期超温爆管。

（3）过热器严重超温。

（4）长时间大量弃水导致启动过程主汽温度和主汽压力不匹配。

（5）大量排水造成升压困难或化学水补充困难等。

因炉水循环泵不能投运，系统给水流量相对降低。为保证给水流量，势必增加锅炉排水量，而排水会带走部分热量，为达到蒸汽参数势必增加燃料量，增加烟气量及烟气温度，给受热面壁温和汽温的控制增加难度。结合以往工程成功实践的经验，在采取好预控措施及控制策略的前提下，无炉水泵启动是可行的。

2. 无循环泵启动时需要注意的相关事项

（1）质量流量控制。影响锅炉蒸发受热面安全工作的主要问题是管内沸腾传热过程的恶化，沸腾传热恶化主要与工质的质量流速、工作压力、含气率和热负荷等因素有关。无循环泵启动时，上部水冷壁需要解决的问题是如何降低传热恶化时的管壁温度，保持金属壁面湿度在一定范围。而对于低质量流速内螺纹垂直管水冷壁因质量流速低，摩擦阻力小，静压头占主导地位，受热强的管子静压差变小，整个压差下降，而回路进出口压差不变，使得受热强的管子流量增加与其匹配，形成类似自然循环回路的自补偿特性。但当热负荷大到一定程度后，工质含汽率升高，流动阻力的增大值可能大于运动压头的增大值，这时入口循环量不但不增加，反而会下降循环回路失去自补偿能力，同时出现沸腾换热恶化。因此下部水冷壁需要解决的问题是如何保持循环回路自补偿能力，使受热面管得到良好的冷却。

（2）水冷壁壁温偏差控制。启动初期不同区域水冷壁的受热不均以及管内介质的流量不均，将导致偏差管中的工质温度和比体积突然增大，流量减少，并使管子金属过热，甚至破坏。因此对蒸发管的热偏差必须严格控制，尽可能缩小水冷壁管间的热偏差值，使其在允许的范围内运行。

（3）汽温控制。如采用无泵启动，为防止启动初期减温水管路由于压差不足，减温水无法喷入的情况发生，需要增设一路辅助减温水管路，以达到对高温级受热面辅助减温的目的，避免受热面管超温。

3. 运行控制技术措施

（1）给水流量控制。控制较低的给水流量，在保证水冷壁不超温的前提下，适当降低给水流量，但要注意防止给水流量低保护动作。烟温低于 540℃ 时保持在 300t/h 左右，烟温高于 540℃ 时逐步增加至 400t/h 左右，减小排水量。

（2）给水温度控制。尽量提高给水温度达到 90℃ 以上，温度越高越有利于汽温的控制，有利于防止受热面超温。保证除氧器加热管道不剧烈振动的前提下，尽量开大除氧器加热的调节门，尽可能提高给水温度。临机加热投入，保证管道不剧烈振动的前提下尽可能提高给水温度。

（3）燃料量控制。注意燃料的投入量，控制升负荷速率，密切观察受热面壁温情况，避免主汽参数上升过快，升温速率控制在 1.5℃/min 以内。

1）点火初期。锅炉点火后，严格控制炉膛出口烟温不超过 540℃。将压力升至 0.6MPa，关闭过热器的疏水，锅炉排水尽快回收，减少点火初期的外排，再热器疏水在低温再热器入口温度大于 150℃ 时及时关闭。

2）点火中期。主汽压力升至 1MPa 后，增加煤量需缓慢，严密监视烟温及过热器出口温度。

3）点火后期。根据温升率和汽温、壁温逐渐增加燃料量。

（4）减温水控制。投减温水要注意减温水量，因为启动阶段过热汽过热度较小，容易造成过热器带水，影响汽轮机运行安全。在锅炉上水的同时开过热器减温水疏水。若过热汽温偏高，用辅助减温水控制。

（5）风量控制。送风机、引风机、一次风机各启动一台，保证总风量为 30%～40%BMCR。炉底液压关断门处于全关状态。

（6）二次风门控制。只保留 C、F 层的二次风将上层的二次风门全部关闭，开启燃尽风至 15%，压低火焰中心。

（7）361 溢流阀控制。从点火初期开始 361 阀投自动，保持少量溢流状态。

（8）汽温壁温控制。增加燃烧的同时，严密监视水冷壁温度，确保水冷壁温度不超限值（478℃，声光报警正常投用）。点火初期，过热器出口汽温控制在 427℃ 之内，再热器出口温度控制在 520℃ 之内。如发生上述超限，减弱燃烧，调整风量。

（9）其他。锅炉排水通过疏水泵回收，要求前置过滤器、混床尽早投入。

可靠性技术应用案例

一、福溪发电超临界 W 火焰炉检修运行汇总

1. 调试期技术措施

（1）2011 年 10 月 15 日，1 号炉少油点火投运，A 引风机运行，A 一次风机运行，锅炉正在热态清洗。少油投运 1h 后，发现右侧风道燃烧器漏油，检查发现杂用压缩空气母管进油，判断热一次风母管进油，及时停止少油运行，停炉检查。经检查发现 E1 少油燃烧器启动时发现油阀不动作，后顺停一次，吹扫阀也不动作，就地检查发现气源为关闭状态，气源恢复后，由于自保持作用，油阀、吹扫阀同时开启。同时二次点火逻辑动作，E1 少油点燃，在投运过程中，燃油由吹扫气源管漏入杂用压缩空气母管。燃油通过少油燃烧器火检冷却风进入右侧热一次风道；及时关闭 E1 吹扫阀，停止全部少油枪，停 A 一次风机，停 A 引风机，停杂用空气压缩机，并在压缩空气母管低点放油，打开热一次风母管清理燃油。处理完成后，启动杂用空气压缩机，吹扫杂用气管道，排除油气。经处理后少油点火正常，右侧风道燃烧器投运正常。

（2）过热汽温及再热汽温的调节及控制。运行中过热汽温主要通过水煤比来调节及控制，以二级减温水作为精细调节及控制。机组负荷达到 300MW 以上时，应将过热器出口汽温逐步设定至设计值 571℃ 左右，通过调整屏式过热器、末级过热器出口汽温设定值，使一级、二级减温水流量分配合理，以保证锅炉运行的安全性及经济性。

锅炉正常运行中应采用调温烟气挡板来调节再热蒸汽温度，尽量避免采用再热器事故喷水来调节和控制再热汽温的运行方式，以提高锅炉运行的经济性。

（3）制粉系统运行中应注意的问题。磨煤机在运行中要监视电流及差压料位，如果差压料位过高，应及时减少给煤量，保持差压料位在正常范围。磨煤机运行中如果电流下降，要防止堵磨，采取适当调节方法，保持磨煤机电流在合理范围。

燃烧设计煤种时磨煤机出口温度保持在 120℃ 左右，如果煤种发生变化，磨煤机出口温度要适当调整，以便充分燃烧。

（4）锅炉吹灰。在启动初期空气预热器和脱硝要投入连续吹灰，机组负荷在 420MW 以上连续运行时，应每天对锅炉进行一次全面吹灰，以防止炉膛及尾部受热面发生严重的结焦或积灰现象。每班（8h）炉膛吹灰一遍，吹灰过程中应注意加强监视除灰系统运行状况。

运行中应注意监视过热度、主蒸汽、再热蒸汽温度、过热器、再热器减温水流量，以及省煤器出口烟气温度等运行参数的变化趋势，并定期检查锅炉各级受热面结焦积灰状况。发现锅炉局部受热面结焦积灰严重时，应适当增加该部位受热面吹灰频率，以保证锅炉运行的安全性、稳定性和经济性。

根据原设计方案，脱硝吹灰器只有一路来自主汽的吹灰汽源，会造成锅炉在启动及低负荷运行时（不能用主汽吹灰），没有汽源无法对脱硝进行吹灰，系统运行带来安全隐患。经调试人员和业主沟通，对原设计管路进行改造，在锅炉启动和低负荷运行时可以用辅助蒸汽对脱硝进行吹灰，保证机组安全运行。

（5）锅炉结渣。锅炉在满负荷运行时，出现结渣现象。针对这一情况，采取如下调整方法：适当提高过量空气系数，对二次风电动挡板 C、F 适当关小，对手动挡板 A、B、D 适当开，加强对锅炉的吹灰等。采取调整措施后锅炉结渣现象明显减少。

（6）锅炉低负荷稳燃调试。由于锅炉不投油最低稳燃负荷受多种因素影响，尤其是锅炉入炉煤煤质的好坏，然后就是与锅炉风量的调整、煤粉细度、投入粉嘴的分布等有关。锅炉在降负荷过程中，高负荷阶段，减煤的速度可以快些，在机组负荷接近300MW 负荷时要缓慢。同时在此过程中，要注意氧量的变化，保持适当的氧量，氧量最好不超过 10％，在保证主汽温度不大幅度降低的情况下，最好控制在 6％～9％之间。同时减少 C/F 挡板的开度，保证二次风箱与炉膛之间的差压在 0.35～0.60kPa 运行。在降负荷过程中，运行人员要注意炉膛负压波动幅度，如果波动幅度大应该停止减负荷，带负压稳定后再减负荷，同时注意观察火焰电视上火焰明暗度变化情况，以及火焰扰动情况。若变暗或火焰扰动大，应停止减负荷。同时，根据具体情况可以投入稳燃油枪或少油火油枪运行，但严禁锅炉熄火时投油枪运行。

（7）2 号机甩 50％负荷时再热器发生超温。事件经过如下。2012 年 4 月 21 日1：18，川调要求值长令：50％甩负荷试验开始，手动停止 B 磨煤机运行，按下发动机-变压器组跳闸按钮。发动机-变压器组出口 5031、5032 开关跳闸，开启过热器出口左右侧 PCV 阀，开启 A/B 低压旁路（开度为 70％），高压旁路全开，主汽压力控制在15.63MPa，给水流量控制在 680t/h，汽轮机转速最高升到 3082r/min。OPC 动作，高压调节汽门、中压调节汽门、各抽气止回门、高压排汽止回门关闭，VV 阀、BDV 阀开启，汽轮机最低转速降到 2852r/min。1：22 汽轮机转速稳定在 3000r/min，50％甩负荷试验成功。停止汽轮机高压启动油泵、交流辅助油泵运行。1：23 值长令：发电机并网带初负荷 30MW，1：25 汽轮机切缸，1：27 汽轮机切缸结束。主汽温度短时间迅速下降，由 560℃降到 527℃。1：28 值长令先后分别投入 C1、C2、C3、C4、D1、D2、D3、D4 大油枪。1：30 值长令：合上 5032 开关 500kV 第三串合环，1：33 启动 C 磨煤机，1：38 主蒸汽压力由 15.63MPa 突升到 18.64MPa 给水流量迅速下降。A 汽动给水泵再循环自动开启，立即提高 A 汽动给水泵转速，同时关闭 A 汽动给水泵再循环。开启过热器出口左右侧 PCV 阀，主汽压力降到 16MPa 后关闭，给水流量保持在 950t/h。1:40 过热器温度最低降到 496℃，水冷壁温度最高升高到 531℃，1:48 再热器汽温最高升高到 585.7℃。后保持燃料量不变，逐步稳定机组各参数，恢复正常运行状态。

原因分析如下：

（1）50％甩负荷试验计划方案不严密，初期甩负荷阶段燃料过多。按原方案，甩负荷结束后就应立即并网带负荷，但在进行试验后，由于主机转速有波动，转速偏差大，不能立即执行并网操作，导致后来的主汽压力升高，温度上升，汽温出现振荡。

（2）并网后立即执行加负荷操作，按原方案应立即启动第三台磨煤机，负荷快速增加，后又出现备用磨煤机都出现故障无法立即启动，加负荷和启动磨煤机不协调，导致汽温振荡。

（3）值班员操作由于进行 50％甩负荷这种非常规工况下，调整目前无成功经验借鉴，预见性不强，操作提前量不够，在燃料量/给水量等几方面都出现操作偏滞后状况。

（4）在出现再热汽温度偏高，而主汽温度迅速下降工况时，操作员为稳定主汽温度避免机组停机事故而进行加燃料/减水操作。稳定汽温操作正确，但操作量化/细化不够，特别是对主汽压力上升而又必须开启 PCV 阀，又加剧了再热汽温上升幅度预见性不足。

2. 检修出现问题及处理方案

（1）水冷壁前墙上集箱管座拉裂改造（见附图 1）。

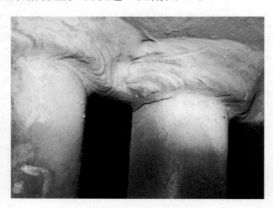

附图 1　拉裂改造后

1 号炉 2013 年 7 月小修首次发现管座拉裂，分别于 2014 年和 2015 年进行了改造，改造后经过多次检查，未再发现有拉裂现象。

改造方案为：将上集箱管座自由端长度由 200mm 延伸至集箱中心线下 1050mm，同时对相关部位的密封结构进行改造（见附图 2）。

（2）高温再热器吊挂装置拉裂改造。

1 号炉 2015 年 9 月首次发现高温再热器吊挂装置泄漏（见附图 3），在 2016 年进行了改造，改造后经多次检查，未发现有拉裂现象。

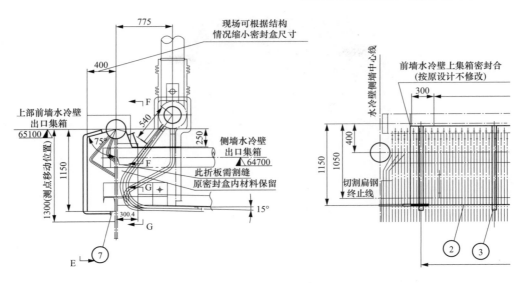

附图 2　改造方案示意图

附图 3　改造前结构

改造方案为：将原焊接式吊挂肋板改为夹持式结构（见附图 4）。

附图 4　改造后结构

（3）省煤器出口水平烟道增设半长吹吹灰装置。省煤器出口水平段长约 10m，未设计灰斗及吹灰装置，导致该部位积灰严重，存在较大的安全隐患（见附图 5）。两侧增设半长吹后，每周吹灰一次，积灰大大减少。

附图 5　积灰现象严重

改造方案为：2014 年，在省煤器出口水平烟道两侧各增设一台半长吹蒸汽吹灰装置（戴蒙德，IK-545EL 型）。

（4）侧墙拱区以上至燃尽风区域存在高温硫腐蚀。在 2014 年等级检修中发现水冷壁开始出现高温硫腐蚀迹象（见附图 6），分别于 2015 年、2016 年进行了防腐喷涂。喷涂区域为炉膛区域燃烧器拱部拐点处（标高 29564.7mm），两侧墙上标高 34564.7mm/下标高 27979.7mm 范围内全喷；前、后墙上标高 34564.7mm/下标高 29564.7mm，前后墙喷涂宽度距角部宽度 5m。防腐喷涂丝材为国产 PS45，施工单位为南京宝尔德。

附图 6　高温腐蚀

（5）新增过热器辅助减温水改造。在机组启动阶段，原减温水系统由于减温水取水点与喷入点间压差过小，致使减温水量偏小，一、二级减温水调门全开仍不能有效控制过热汽温。在 2015 年新增辅助减温水系统后彻底解决了这一问题。

改造方案为：从 1 号高压加热器出口凝结水补水支管处引一管路（ϕ89×13/15CrMoG）至过热器减温水电动总门后作为机组启动过热器减温用水（见附图 7）。

（6）锅炉小油枪改造。原设计出力为 1600kg/h，简单机械雾化油枪燃烧不完全，点火初期烟囱冒黑烟，同时影响电除尘器的提前投运及污染脱硫浆液；改造后烟囱不再冒黑烟，点火后同时投入电除尘器，启动过程中没有发现脱硫浆液中毒、起泡现象。

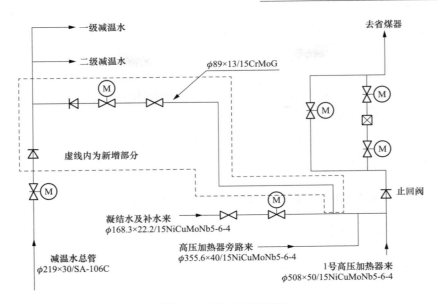

附图 7　改造方案示意图

改造方案为：将油枪改为武汉奇斯公司生产的 QS 气泡爆炸雾化油枪，出力为 200～1000kg/h 可调（见附图 8）。

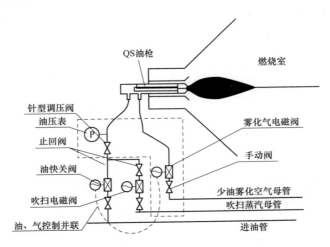

附图 8　QS 油枪安装示意图

注：虚线框内为新增设备。

（7）新增锅炉水冷壁、屏式过热器、高温过热器、高温再热器壁温测点改造。1 号机组在 168h 试运行过后，检查发现锅炉前墙及后墙上部水冷壁有沿鳍片纵向撕裂现象，后分析原因为由于水冷壁间温差过大导致膨胀不均引起的。现炉膛壁温共有 492 个测点，不能满足对炉膛壁温整体监控的要求。锅炉壁温超温现象比较严重，部分区域锅炉壁温监测存在盲区，对于整个炉膛水冷壁管道温度的温度分布掌握不全面，数据分析支撑力不足。

2012 年 1、2 号锅炉新增水冷壁壁温测点各 396 点，其中上部水冷壁前墙新增壁温测点 120 点，水冷壁侧墙壁温测点 44 点；下部水冷壁前墙新增壁温测点 120 点，下部水冷壁后墙新增壁温测点 112 点。

2017 年，为加强高温受热面的壁温监测，1、2 号锅炉新增壁温测点各 103 点，其中高温过热器 38 点，屏式过热器 16 点，高温再热器 49 点。

改造后新增各温度测点显示正常，对更好地调节锅炉燃烧、提前做好受热面超温预控措施提供了数据支撑。

二、贵州金元茶园电厂锅炉设计、调试问题汇总

贵州金元茶园电厂运行问题及控制对策分析汇总见附表 1。

附表 1　　　　　　贵州金元茶园电厂运行问题及控制对策分析汇总

存在问题	原因	控制措施
一次风机频繁发生失速	一次风机性能较差	增加一次风机失速自动纠正逻辑防止失速时造成锅炉熄火；另外要求彻底解决风机失速问题
1 号炉深圳东控，2 号炉徐州燃控微油点火系统无法运行	电厂本地无烟煤收到基挥发分只有 6%～8%，少油点火无法稳燃	要求两个厂家将少油点火系统更换为压缩空气雾化油枪（已完成）
捞渣机出力偏小	青岛四洲液压驱动捞渣机在渣量大时出力不足，无法运行	更换为电驱动（已完成）
旋转煤斗断煤	入炉煤外水大于 10% 或泥煤掺配时就容易发生断煤，断煤点在旋转煤斗上方和钢煤斗结合处	更换防堵煤斗
煤火检结焦严重	锅炉设计不合理	在煤火检处卫燃带敷设时专门将卫燃带敷设为喇叭口，减少结焦倾向性
水冷壁冷灰斗四角交界处鳍片容易拉裂损伤水冷壁管	交接鳍片焊接强度不够	冷灰斗四角侧墙和前后墙交界处开自由膨胀缝（300mm）
炉管检漏装置不满足要求	深圳东控公司的产品灵敏性较差，布置不合理	重新换型、测点优化
运行 1 年多，有 1 台空气预热器电流仍然波动大	未查到原因	厂家来检查几次仍未查到原因，加强吹灰降低入口烟温控制
脱硝入口烟气导流板积灰严重，导致流场分布不均	设计不合理	加装吹扫风解决
省煤器通道两侧积灰严重	设计不合理	增加吹灰器
空气预热器下方转向烟道积灰严重，空气预热器水冲洗含灰量大，机组排水槽淤泥堆积严重	设计不合理	增加吹扫风，定期吹扫，防止积灰
进入 168h 试运第二天发生垮灰熄火	折焰角扰流风吹扫频次不合理	调整扰流风吹扫频次后解决
锅炉结焦严重	侧墙结焦	定期降负荷、使用除焦剂

三、大唐金竹山电厂调试运行情况

大唐金竹山电厂 2×600MW 亚临界 W 火焰煤粉锅炉为东方锅炉厂引进美国福斯特·惠勒公司技术自主设计的第一批 600MW 锅炉，是世界上首台亚临界参数 600MW 燃用低热值、低挥发分劣质无烟煤 W 火焰炉。

无论是设计制造还是运行实践，全世界均没有现成经验可借鉴。由于设计不完善，金竹山电厂 2×600MW 机组锅炉在基建调试和投产后运行过程中暴露出减温水量大、大屏过热器管壁超温、排烟温度高、燃烧稳定性较差、低负荷再热汽温偏低、水平烟道积灰等影响机组安全稳定运行的重大问题。针对该型锅炉开展了理论研究和试验分析，提出并实施了一系列调整措施和技术改造方案，通过同时采取减少卫燃带面积、减少屏式过热器面积、增加省煤器面积和降低炉膛火焰中心的技术措施，解决了世界首台 600MW 机组 W 火焰无烟煤锅炉存在的过热器减温水量大、排烟温度高的重大设计问题；通过再热器过渡段增加面积和缩短中部外圈管的技术改造，解决了锅炉低负荷再热蒸汽温度偏低和高负荷水平烟道中部外圈管壁温超温问题；通过设备改造和燃烧调整，使该锅炉的适炉煤质突破原设计（校核）煤质的下限值。该锅炉已成为世界上第一台能长期稳定燃烧发热量（$Q_{net,ar}$）大于或等于 15000kJ/kg，挥发分（V_{daf}）大于或等于 7% 的劣质无烟煤，且飞灰可燃物在 4% 以内的 600MW 机组 W 火焰炉。

金竹山电厂 3 号锅炉为世界首台燃用无烟煤超临界 W 火焰直流炉。在基建调试过程中克服了设计、制造、安装中的许多问题，重点关注和研究了无烟煤燃烧、汽温壁温控制、无烟煤煤水比技术策略、干湿态转换、水动力特性和安全性、机组 RB 试验、甩负荷试验中锅炉侧控制技术等关键技术，并在该锅炉上开展了"燃用无烟煤 600MW 超临界 W 火焰炉调试及关键技术研究"、"世界首台 600MW 机组超临界 W 火焰炉工程技术与应用开发"、"首台 600MW 超临界机组 W 火焰炉炉膛设计及水动力关键技术研究"等多项技术研究与开发。3 号机组从首次并网到完成 168h 试运仅 14 天，比计划工期提前 5 个月投产，通过燃烧优化调整，提出了最佳运行方式，锅炉燃烧稳定性、煤种适应性均大幅提高，锅炉变负荷和调峰性能强。在炉水循环泵故障的情况下及时有针对性地开展了无炉水循环泵启动技术研究，分析了该机组在无炉水循环泵运行方式下锅炉水冷壁安全、受热面超温、多耗热量、介质等问题。指出该机组无法按原锅炉厂提供的升温升压曲线启动，机组启动的关键是水冷壁壁温、给水流量和主汽温度控制，提出了该机组在炉水循环泵解列运行方式下启动技术和措施，特别是水冷壁壁温、主汽温度和给水流量控制要点、具体的操作过程，并现场指导启动。3 号机组在炉水循环泵解列时冷、热态开机成功，实现了超临界锅炉机组在炉水循环泵解列时启动技术的突破，为同类型机组启动提供了参考，也受到大唐集团公司、湖南分公司及电厂的高度评价。

四、国电南宁电厂调试运行情况

国电南宁电厂 2×660MW 超临界 W 火焰锅炉为东方锅炉厂制造的首批 600MW 超临界 W 火焰炉，与巴威公司设计的锅炉在燃烧器型式、配风方式、受热面布置等方面有较大差别。在调试期间全程采用微油点火技术，在国内尚属首次，在金竹山电厂 3 号炉调试技术的基础上，吸取了珙县电厂超临界 W 火焰炉调试过程中的经验和教训，并结合劣质无烟煤燃烧和混煤掺烧技术，开展了大量分析研究工作，并成功应用到南宁电厂 1 号锅炉上，取得了调试期间安全事故为零、各项调试指标优良、168h 试运一次通过的优异成绩。亮点工作主要表现在以下方面：

（1）微油点火首次成功应用到超临界 W 火焰炉上。微油点火在珙县电厂锅炉调试上进行过应用，但很不成功，启动过程中燃烧稳定性差、燃尽率低，往往要投入油枪进行助燃。在南宁电厂调试期间采用了"分磨制粉，炉内掺烧"的混煤掺烧方法，并采取了提前开大乏气风、增加煤粉浓度、提高消旋叶片、增加旋流强度、合理进行二次风配风等技术措施，使微油点火技术在超临界 W 火焰炉上首次成功应用。调试启动过程中，锅炉燃烧稳定，火焰明亮，效果良好。

（2）超临界 W 火焰炉超温问题得到了有效控制。受热面超温问题对于 W 火焰超临界锅炉是一个突出的问题，在同类机组珙县电厂调试过程中，启动初期，特别是负荷 70～200MW 及转直流过程中，屏式过热器、高温过热器超温严重。在南宁电厂调试过程中，经过精心策划、合理调整，通过控制一次风速、改变火焰中心位置、合理安排磨煤机投运时间和方式、精心调整二次风配风、提高煤粉燃尽率、延迟转直流负荷点等措施，成功解决锅炉超温问题，调试过程中未发生受热面超温的情况。

（3）燃用劣质无烟煤燃烧稳定性差的问题得到解决。调试后期及试生产期间，南宁电厂入炉煤质变差，锅炉燃烧稳定性降低，将多项研究成果应用到该锅炉调试中。通过燃烧优化调整，结合配煤掺烧，并利用着火距离和平均火检强度相结合对单个燃烧器和全炉膛燃烧稳定性进行调整的技术，提高了锅炉燃烧稳定性和抗干扰能力，并将锅炉调整至一个兼顾安全性和经济性的良好状态，得到了南宁电厂和国电广西分公司的高度评价。

（4）锅炉热偏差问题得到了控制。超临界 W 火焰炉炉膛宽度很宽，炉膛水冷壁全部采用垂直管圈，沿宽度方向存在的热负荷偏差对水动力的安全有极大的影响。在南宁电厂的调试过程中，通过研究各因素对锅炉热负荷和水冷壁温差的影响程度，采取的均匀炉膛热负荷的控制措施保证了锅炉燃烧热负荷基本均匀，在不同负荷和运行工况下上下炉膛水冷壁热偏差均得到有效控制。

五、大唐攸县电厂调试运行情况

在大唐攸县电厂 W 火焰超临界机组调试过程中，结合以往调试经验和总结，采取了一系列措施保障该厂 1 号机组于 2016 年 7 月 26 日顺利投产，调试用油 2000t 以下。锅炉成功采用稳压和降压相结合的吹管工艺，稳压吹管为主，投运 3 台磨煤机，燃油消耗量低。在调试初期（点火吹管、空负荷试运阶段）燃用烟煤、低负荷试运阶段保留一台磨煤机燃用烟煤，在高负荷阶段逐步过渡到全烧无烟煤，以及采取燃烧优化调整，解决了水冷壁热偏差、过热器超温等问题，经调试后该机组各项指标达到设计要求，投产即稳定。